舟溪岩溶与非岩溶
地理差异野外实习教程

李荣彪　黄远成　编著

西南交通大学出版社
·成都·

图书在版编目（ＣＩＰ）数据

舟溪岩溶与非岩溶地理差异野外实习教程 / 李荣彪，
黄远成编著. —成都：西南交通大学出版社，2015.2
ISBN 978-7-5643-3748-3

Ⅰ. ①舟… Ⅱ. ①李… ②黄… Ⅲ.①乡镇–岩溶地
貌–教育实习–凯里市–教学参考资料 Ⅳ.
①P931.5-45

中国版本图书馆 CIP 数据核字（2015）第 027230 号

舟溪岩溶与非岩溶地理差异野外实习教程

李荣彪　黄远成　编著

责 任 编 辑	杨　勇	
封 面 设 计	米迦设计工作室	
出 版 发 行	西南交通大学出版社 （四川省成都市金牛区交大路 146 号）	
发 行 部 电 话	028-87600564　028-87600533	
邮 政 编 码	610031	
网　　　　址	http://www.xnjdcbs.com	
印　　　　刷	四川煤田地质制图印刷厂	
成 品 尺 寸	185 mm × 260 mm	
印　　　　张	8.25	
插　　　　页	8	
字　　　　数	231 千	
版　　　　次	2015 年 2 月第 1 版	
印　　　　次	2015 年 2 月第 1 次	
书　　　　号	ISBN 978-7-5643-3748-3	
定　　　　价	24.00 元	

课件咨询电话：028-87600533
图书如有印装质量问题　本社负责退换
版权所有　盗版必究　举报电话：028-87600562

凯里学院规划教材编委会

总　序

　　教材建设是高校教学内涵建设的一项重要工作，是体现教学内容和教学方法的知识载体，是提高人才培养质量的重要条件。凯里学院 2006 年升本以来，十分重视教材建设工作，在教材选用上明确要求"本科教材必须使用国家规划教材、教育部推荐教材和面向 21 世纪课程教材"，从而保证了教材质量，为提高教学质量、规范教学管理奠定了良好基础。但在使用的过程中逐渐发现，这类适用于研究型本科院校使用的系列教材，多数内容较深、难度较大，不一定适合我校的学生使用，与应用型人才培养目标也不完全切合，从而制约了应用型人才的培养质量。因此，探索和建设适合应用型人才培养体系的校本教材、特色教材成为我校教材建设的迫切任务。自 2008 年起，学校开始了校本特色教材开发的探索与尝试，首批资助出版了 11 本原生态民族文化特色课程丛书，主要有《黔东南州情》、《苗侗文化概论》、《苗族法制史》、《苗族民间诗歌》、《黔东南民族民间体育》、《黔东南民族民间音乐概论》、《黔东南方言学导论》、《苗侗民间工艺美术》、《苗侗服饰及蜡染艺术》等。该校本特色教材丛书的出版，弥补了我校在校本教材建设上的空白，为深入开展校本教材建设积累了经验，并对探索保护、传承、弘扬与开发利用原生态民族文化，推进民族民间文化进课堂做出了积极贡献，对我校教学、科研和人才培养起到了积极的推动作用，并荣获贵州省高等教育教学成果一等奖。

　　当前，随着高等教育大众化、国际化的迅猛发展和地方本科院校转型发展的深入推进，越来越多的地方本科高校在明确应用型人才培养目标、办学特色、教学内容和课程体系的框架下，积极探索和建设适用于应用型人才培养的系列教材。在此背景下，根据我校人才培养方案和"十二五"教材建设规划，结合服务地方社会经济发展、民族文化传承需要，我们又启动了第二批校本教材的立项研究工作，通过申报、论证、评审、立项等环节确定了教材建设的选题范围，第二套校本教材建设项目分为基础课类、应用技术类、素质课类、教材教法等四类，在凯里学院教材建设专家委员会的组织、指导和教材编著者们的辛勤编撰下，目前，15 本教材的编撰工作已基本完成，即将正式出版。这套教材丛书既是近年来我校教学内容和课程体系改革的最新成果，反映了学校教学改革的基本方向，也是学校由"重视规模发展"转向"内涵式发展"的一项重大举措。

凯里学院校本规划教材丛书的编辑出版，集中体现了学校探索应用型人才培养的教学建设努力，倾注了编著教师团队成员的大量心血，将有助于推动地方院校提高应用型人才培养质量。然而，由于编写时间紧，加之编著者理论和实践能力水平有限，书中难免存在一些不足和错漏。我们期待在教材使用过程中获得批评意见、改进建议和专家指导，以使之日臻完善。

凯里学院规划教材编委会

2014 年 12 月

　　野外实践教学是地理科学专业课程教学的重要环节。"综合自然地理学"是《地理科学专业人才培养方案》中的专业核心课程，是各部门自然地理基础上的综合，在地理科学专业知识结构构建中起高度综合作用，野外实习实践是本门课程必不可少的环节。《舟溪岩溶与非岩溶地理差异野外实习教程》是"综合自然地理学"野外实习实践教学的配套教材。

　　舟溪野外实习实践教学基地是以"综合自然地理学"中重要知识内容（区域地质地貌引起的地域分异规律）为指导，结合舟溪岩溶区与非岩溶区存在显著的自然地理环境差异而建设的。《舟溪岩溶与非岩溶地理差异野外实习教程》是长期对舟溪开展野外调查和实习实践教学的成果累积。已有的成果包括指导学生荣获"第二届（2010）全国高校地理专业本科生野外调查大赛"的论文组三等奖，贵州省第十二届（2011）"挑战杯"大学生科技作品竞赛自然科学类三等奖，2012 年发表中文核心期刊论文 1 篇，2010 年校级科研项目 1 项。

　　"综合自然地理学"教学及其野外实习实践是安排在第 5 学期开展，此时地理科学专业的各部门自然地理学课程已经授课完毕，学生基本构建了地理科学思维和专业知识框架。因此，本教程在野外地理知识介绍和实习内容设计上，都围绕各部门自然地理展开，包括地质、地貌、水文地貌、土壤和植被等多方向的知识内容。通过学习和实践，不断强化各部门自然地理的专业知识，培养学生形成系统思维方法和综合应用能力。

　　本教程在第三章较为丰富地陈述了舟溪呈现的各种地理现象，第四章在实习内容设计上做了很多专题调查指导介绍，第五章对各种地理地质野外实践方法做了详细介绍。总的来看，内容比较丰富，实习方向可选择性大，学生可以根据自己兴趣和专长，自主选取某一个方向开展专题调查或者选取几个方向开展综合调查。

本教程是由凯里学院旅游学院地理教研室李荣彪和贵州地矿局 101 地质队总工程师黄远成合作完成。其中，黄远成总工程师主要负责本书的地质相关内容及其野外实践方法的编写工作和野外地质调查的指导，包括第二章的第一节，第三章的第一节和第五章的相关内容。其余的内容均由李荣彪编写完成。

本教程得到凯里学院 2013 年院级规划教材建设项目资助和各级领导的支持。同时，凯里一中杨秀玉老师在野外土壤、植被调查和室内土壤实验工作给予大量的指导和帮助，地理科学专业 2008 级张林、罗腾元、张晓丽和徐晓超四位同学做了大量野外土壤、植被调查和室内样本测试与鉴定工作，黔东南林业科学研究所袁茂琴工程师在植物鉴定分析方面给予大量指导和帮助。教程编写过程中，我院地理科学专业 2013 级学生欧大吉同学做了大量地形地貌数字化工作，2012 级梁高盟和王维高同学做了大量野外调查及其室内整理与作图工作，常国山副教授做了大量野外向导。在此一并致谢！

由于作者水平和资料有限，存在问题和不足在所难免。殷切希望广大读者提出批评和建议，以帮助我们进一步修改和完善。

李荣彪

2014 年 9 月 29 日

目 录

第一章

绪 论

第一节 关于岩溶与非岩溶的地理含义

一、岩溶的地理含义

（一）岩溶的概念

岩溶，国外称为 Karst（音译为喀斯特）。原为 Kras，是斯洛文尼亚境内伊斯特里亚半岛（Istria peninsula）上的一个有石灰岩分布的地方地名。意大利人称为 Carso，而德国人称之为 Karst。因早期研究这种石灰岩的景观多用德文，后来即以德语 Karst 命名这类地貌现象。而我国在描述或研究这类碳酸盐类地貌时，也沿用这个专有名词，并音译为"喀斯特"。碳酸盐类地貌现象是由于被水溶解而产生的，因此 1966 年 3 月在广西桂林召开的中国地质学会第一次全国岩溶学术会议上，选用"岩溶"这一名称，它反映了这种地质作用的本质。当时还建议，为了与国外文献相一致，在用外文发表文章及外语交流中，仍用 Karst。目前，仍有学者采用"喀斯特"这个名称，但"岩溶"使用更为普遍[1]。

岩溶，主要是指水对可溶性岩石——碳酸盐岩（石灰岩、白云岩等）、硫酸盐岩（石膏、硬石膏等）和卤化物岩（岩盐）等溶蚀作用，及其所形成的地表及地下的各种景观与现象（卢耀如，2005）。岩溶作用多少发生在大气降水的条件下，所有这种作用，都是以可溶岩被水溶解的作用为基础，所以最本质的现象就是"岩石的溶解"，即岩溶作用。岩溶作用的结果，通常是在地表形成各种奇峰、柱石、洼地、谷地等。在地下则发育成各种溶隙、通道、溶洞、暗河等[1]。在岩溶作用过程中，经常伴随发生的侵蚀、潜蚀、冲蚀、崩塌、塌陷与滑动，以及化学、物理与机械的风化、搬运、堆积与沉积等作用；还有不少生物，例如微生物、菌类、藻类、植物与动物的生命活动及其死亡机体的分解作用等，都可对岩溶的发育产生影响。

（二）岩溶发育的基本条件

岩溶的发育要有可溶的物质（即可溶岩）和可以溶解可溶岩的水溶液（即溶剂）。可被水溶解的溶质取决于可溶岩的性质。常见的可溶岩主要有碳酸盐岩、硫酸盐岩和卤化物岩。碳酸盐岩主要是有碳酸钙（$CaCO_3$）为主的石灰岩和主要成分为碳酸钙和碳酸镁（$MgCO_3$）的白云岩。此外，根据泥质、硅质含量的不同，碳酸盐岩又可分为泥质碳酸盐岩、泥灰岩和硅质碳酸盐岩等。硫酸盐岩主要有硬石膏（硫酸钙 $CaSO_4$）、石膏（双水硫酸钙 $CaSO_4 \cdot 2H_2O$）、芒硝（硫酸钠 $Na_2SO_4 \cdot 10H_2O$）和钙芒硝（$CaSO_4 \cdot Na_2SO_4$）等。卤化物岩主要是岩盐（$NaCl$，又称钠盐）和钾盐（KCl），广义的钾盐又包括钾盐镁矾（$KCl \cdot MgCl_2 \cdot 6H_2O$）、杂卤石（$K_2SO_4 \cdot MgSO_4 \cdot 2CaSO_4 \cdot 2H_2O$）等。

可溶岩被溶解，是由于水溶液对其有溶蚀能力。硫酸盐岩类和卤化物岩类可以被水直接溶解；而碳酸盐岩被水溶解或溶蚀，必须借助于二氧化碳及其他酸类起溶剂作用。大气降水、地表水和地下水，只要对某种可溶岩没有呈过饱和溶解状态的都可继续对其产生溶解或溶蚀作用。通常水的矿化度（即水中溶有的物质总量）< 1g/L，对易溶性的卤化物岩及中溶性硫酸盐岩，都具有较大的溶解和溶蚀能力。溶解作用通常属于水对可溶岩的化学溶解过程，溶蚀作用就是在地质作用的基础上，水对可溶岩产生的溶解过程。

二氧化碳（CO_2）是水对碳酸盐岩产生溶蚀作用的主要溶质。CO_2溶解在水中形成碳酸，碳酸在水中离解，才能使水溶液对碳酸盐产生溶蚀作用。

（三）制约岩溶发育的基本因素

有了可溶岩、水及相应需要的溶剂二氧化碳，只是具备了产生岩溶作用的基本条件。岩溶的发育则另有自己的条件。岩溶的发育，是由许多因素所决定的，最主要是受地质构造和气候两因素所控制[1]。

1. 地质构造条件对岩溶发育的制约作用

可溶岩沉积时多呈水平层状，当地质构造作用使之从海底、湖底升出陆面后，就会在成岩过程中产生干缩、压实作用，从而生成成岩裂隙。可溶岩受地质构造应力作用的结果，也可使水平的可溶岩受挤压而产生构造裂隙、断裂和褶皱。总之，地壳构造作用和成岩作用可使完整的岩体出现裂隙。构造裂隙与应力方向具有力学上的内在从属性。例如，与压应力方向相一致的为横向构造裂隙，与压应力方向相垂直的、与褶皱轴方向相一致的构造裂隙为纵向构造裂隙；此外，在纵向及横向构造裂隙中尚有两组成 X 形的构造裂隙。纵向裂隙有张开（张性）的，也有相对闭合（压性）的；横向裂隙多为张性的，而两组 X 构造节理则属于剪切性质。

可溶岩受压应力产生断裂后，断裂带两侧岩层有相对的位移现象，就成为断层；断层和构造裂隙（或节理）一样，也具有压性、张性及剪切。可溶岩受压后，相应产生褶曲，形成褶皱。褶皱主要有：背斜，即岩层中部向上隆起，两翼向外倾斜；向斜，即岩层中心内凹，两翼地层向内倾斜。背斜和向斜的轴部是褶皱最剧烈的部位，褶皱轴的方向与压应力方向是相垂直的。褶皱中还有穹隆构造，这是岩层中间地带向上隆起，四周岩层向外倾斜，成为穹隆状。两个断层运动，若导致中间岩体向上凸起，成为地垒；若导致两断层间岩体向下沉降，则成为地堑。

除了裂隙、节理、褶皱及断裂之外，地质构造运动还可使大片地区隆起，也可使大片地区沉降。这些构造现象都密切地控制了岩溶的发育。发生于我国的多次大面积构造升降运动，先后形成了三个阶梯状的地形地貌结构。第一级为青藏高原，高程为 3 000～5 000 m；第二级为云贵高原、山西高原、大兴安岭等，高程为 1 000～2 200 m；第三级为华北平原、江汉平原、长江、黄河及珠江三角洲，高程在 100 m 以下。

地质构造条件使可溶岩岩体产生破裂、形变，影响其自身的结构和可溶性，也影响水流的渗透与动力状况。因此，地质构造对岩溶发育有控制作用。

2. 气候因素对岩溶发育的制约作用

地质构造运动可以影响气候的变化，例如喜马拉雅山的强烈上升和青藏高原的隆起，就阻挡了来自印度洋的潮湿气候，来自我国南面、北面及东面的水汽又大部分向东排出，致使我国西北地区变得干旱。气候因素影响可溶岩的风化及其岩性，更主要的是影响水的性质及水量，以及二氧化碳等溶剂的生成条件。地质构造和气候因素又都综合影响了水对可溶岩的溶蚀能力。

1）降水量的影响

由于可溶岩是被水所溶蚀的，所以降水量的大小，相应引起的溶蚀量也有大有小。在地下，除了溶蚀之外，地下渗流的水量越大，相应产生的机械潜蚀作用也越明显，所以有利于发育大的洞穴系统。根据我国不同气候地带计算的碳酸盐岩溶蚀速率，也清楚地表明年降水量越大，年溶蚀速率也越大，如河北怀来县官厅一带为半干旱气候条件，年降水量只有 400～600 mm，年溶蚀速率只有 0.02～0.03 mm，而广西中部年降水量达 1 500～2 000 mm，年溶蚀速率达 0.12～0.3 mm。这种溶蚀速率是通过分析水流中溶有碳酸盐岩的成分，计算出地表平均被溶蚀的厚度。

2）温度的影响

气候条件对岩溶发育的控制作用，除了降水量之外，温度的影响也是很主要的一个方面。

（1）影响可溶岩的风化速度及水的溶蚀能力。

热带、亚热带地区雨量大、气温高，易使碳酸盐岩和非碳酸盐岩产生风化作用。虽然碳酸盐岩抗风化能力比碎屑岩（如砂岩、页岩）强，但是由于表层风化及构造破碎带的破坏，会有利于作为水流通道的裂隙、孔隙扩大，从而加大渗透水流量，加大溶蚀及侵蚀作用。碳酸盐岩中有的含有黄铁矿（FeS_2），在多雨、高温情况下，易氧化而生成硫酸，从而增强水溶蚀碳酸盐岩的能力；相应产生的石膏沉积仍可被水溶蚀，并释放出二氧化碳，再次对碳酸盐岩产生溶蚀作用。

（2）影响生物作用及侵蚀性酸类的形成。

热带、亚热带地区，由于气温高有利于生物分解碳水化合物等有机质，使水可得到更多二氧化碳及其他酸类的补充，所以生物作用对岩溶发育起重要的作用。生物作用可使土壤中二氧化碳含量比大气中要大几十倍乃至千倍，所以在土壤覆盖的情况下，生物对岩溶强烈发育起着非常重要的作用。不同气候条件下，各种酸类的含量不均。生物作用生成的碳酸及有机酸占很大的比重；在对碳酸盐岩具有侵蚀性的各种酸类的总量中，碳酸和有机酸可占79%～93%[1]。

（3）影响水溶液的扩散溶蚀。

在一定压力状态下，随着温度的升高，水中二氧化碳含量相应降低。但是，在通常情况下却是由于温度的升高，水对碳酸盐岩的溶蚀能力却增强了。这种矛盾现象的出现，一方面是由于温度高虽然使水中二氧化碳的溶入量减少，但仍易于得到二氧化碳的不断补充；另一方面是由于温度高，有利于水的扩散、弥散作用，从而增强水的溶蚀能力。珊瑚生长速率和洞穴钙华沉积速率，也清楚反映了温度高，它们的生长速率也大。但是，在高山寒冷条件下，有来自地下深处的二氧化碳大量补给，使水中溶蚀较多碳酸盐岩成分，这时若遇到适宜的条件，其钙华沉积速率可较大。这种情况，应当看作是地下高温状态下补充大量二氧化碳，而产生的强溶蚀-沉积作用的结果。

二、非岩溶的地理含义

关于"非岩溶"，目前还没有明确的定义。大都与"岩溶"区地质岩性有别的表征现象而提出。本书将引用此"非岩溶"概念，即指非可溶性岩，而非岩溶区指的是非碳酸盐岩分布区。非岩溶区的地理环境特征主要表现为，地质环境比较稳定，地表水系相对发育、土壤覆盖连续，厚度较大，黏性较好，有利于水土保持，区域内植物生长发育相对良好，层次分明。

关于"岩溶与非岩溶"地理环境的对比已有大量研究，尹观等（2001）[2]对岩溶区与非岩溶区的氘过量参数（d）变化情况进行对比研究，曹建华等（2004）[3]比较研究我国西南区各省岩溶县与非岩溶县受地质条件制约的自然生态和社会经济发展情况，李涛和余龙江（2006）[4]对西南岩溶与非岩溶区的植物适应性机制开展对比研究，栗茂腾等（2006）[5]对比研究岩溶与非岩溶区的扇叶铁线蕨叶片结构，李小芳等（2006）[6]对岩溶与非岩溶区的土壤Zn元素形态进行对比分析，黄黎英等（2007）[7]和申宏岗等（2007）[8]对比研究岩溶与非岩溶区的土壤溶解有机碳情况，周莉等（2007）[9]、赵仕花等（2007）[10]和申宏岗等（2008）[11]对岩溶和非岩溶的土壤有机质和氮含量开展对比研究，杨平恒等（2007）[12]对云南某小流域的岩溶和非岩溶地貌进行对比分析，匡昭敏等（2007）[13]对岩溶和非岩溶区的旱情进行对比研究，徐祥明等（2007）[14]对岩溶和非岩溶区的牧草养分进行对比分析，余龙江等（2007）[15]和李小芳等（2007）[16]对岩溶与非岩溶区的黄荆和檵木叶片结构进行对比研究，黄玉清等（2008）[17]对比研究青冈栎叶片气体交换特征，韦红群等（2008）[18]对比研究岩溶非岩溶区田杆还田对活性酶的影响，蔡德所和马祖陆（2008）[19]对漓江流域的岩溶和非岩溶的生态环境问题开展对比研究，杨霄等（2008）[20]对比研究岩溶与非岩溶区玉米光合作用及其含 Zn 状况，马祖陆等（2009）[21]对岩溶和非岩溶区的湿地作对比研究，韦红群等（2009）[22]对比分析桂花根系及其根际微生物类型，刘彦等（2010）[23]对岩溶和非岩溶水环境中的单生卵囊藻进行对比研究，陈家瑞等（2010）[24]对岩溶与非岩溶区土壤中的微生物数量进行对比分析，曹建华等（2011）[25]对植物叶片中钙形态进行对比研究，甘春英等（2011）[26]对比研究连江流域岩溶与非岩溶区的植被覆盖状况，黄芬等（2012）[27]对比分析岩溶与非岩溶区域植物对钙环境的适应性，关保多等（2012）[28]对广西岩溶与非岩溶区的作物蒸散量进行对比研究，杨洪和李荣彪（2012）[29]对凯里舟溪岩溶与非岩溶区域的植被多样性做了对比分析，申泰铭等（2012）[30]对岩溶与非岩溶区的水体碳酸酐酶活性特征进行对比研究，高喜等（2012）[31]对岩溶与非岩溶区的土壤微生物活性进行对比分析，王静等（2013）[32]对岩溶与非岩溶区的桂花和青冈栎凋落叶的分解速率和营养释放规律进行对比研究。

以上研究表明，与岩溶区相对比，非岩溶区具有独特的地理环境特征而被人们所关注。

三、岩溶与非岩溶的地理差异

中国西南岩溶石山区岩溶发育的地质历史背景，决定其碳酸盐岩主要分布于 NE 向的构造隆起带上[3]。碳酸盐岩是构成岩溶地貌及其生态系统的物质基础，碳酸盐岩的层位、矿物成分和化学成分、出露条件和岩溶发育特征都将影响岩溶地貌特征和生态系统的结构、运行规律[3]。

岩溶较发育的地区，大气降水是各类水体唯一的补给源，其地下水多为岩溶水[2]，因此，区内地表径流量在雨天和朗天变化非常大。而非岩溶区有明显的地下水承压含水层和浅层含水层，水体是由大气降水和岩层中的水共同补给[2]。因此，区内的地表径流在短时间比较均匀，在丰水期和枯水期才有明显的变化。尹观等（2001）对岩溶区与非岩溶区的氘过量参数（d）变化情况进行对比研究发现，岩溶水的 d 值一般较低，反映了岩溶区内水/岩作用所导致的氧同位素交换较非岩溶区容易，交换量高[2]。

2007 年贵州省农业地质环境调查中，采集不同时代不同岩性 38 件样品，分析测试 Mn、Mo、V 等 62 种微量元素和 P、K、Ca、Mg、Fe、Si 以及 Al 7 种大量元素，发现贵州碳酸盐类岩石中石灰岩、白云岩的 CaO、MgO、Cr 呈高背景分布，即岩石富钙镁，土壤贫钙镁，农作物缺钙镁。而农作物生长需要的微量元素和有益元素 Fe、Cu、Zn、Mn、B、N、V、P、Co、Ni、K 等则常常缺乏。非碳酸盐类岩石中 SiO_2、Al_2O_3 远高于碳酸盐类岩石中含量[33]。对石灰岩、白云岩等碳酸盐岩以及碎屑岩、变质岩等非碳酸盐岩类岩石中元素含量统计对比，碳酸盐岩岩石中微量元素含量为 $35.322\,7 \times 10^{-4}$，仅是非碳酸盐岩 108.942×10^{-4} 的三分之一，大量元素和有机质含量也远小于非碳酸盐岩，pH 值更偏碱性，而非碳酸盐类岩石则偏中酸性。可见，岩溶与非岩溶是两个具有明显差异的地质背景。

高喜等（2012）[31]岩溶区土壤的 pH 值比非岩溶区普遍高出 2～3 个单位。这种差异主要是由成土岩石的岩性造成的，岩溶区土壤由碳酸盐岩发育而成，非岩溶区土壤由碎屑岩发育而成。由碳酸盐岩发育的土壤呈偏碱性，因而成土的地质背景造成了土壤 pH 的差异[34]，岩溶区与非岩溶区不同土地利用方式下土壤 pH 均表现为草丛＞灌木丛＞林地[31]。土壤有机质、全氮、速效氮含量在相同土地利用方式下均表现为岩溶区＞非岩溶区，不同土地利用方式下岩溶区和非岩溶区均表现为林地＞灌木丛＞草丛，土壤全磷含量在相同土地利用方式下均表现为岩溶区＞非岩溶区，不同土地利用方式下岩溶区表现为灌木丛＞草丛＞林地，非岩溶区表现为草丛＞灌木丛＞林地。土壤全钾含量在相同土地利用方式下均表现为非岩溶区＞岩溶区，不同土地利用方式下岩溶区表现为灌木丛＞林地＞草丛，非岩溶区表现为草丛＞灌木丛＞林地。这是由于不同的地质背景和土地利用方式造成的土壤肥力差异：岩溶区土壤富钙偏碱，可溶性碳酸盐能与土壤腐殖质结合、凝聚，形成稳定的腐殖酸钙，有利于土壤有机质的积累[35]。土壤中氮源主要是土壤的生物作用，由于表层土生物富集作用，植物吸收利用的氮又以有机残体归还土壤，土壤中的氮素绝大部分是以有机氮以及植物和微生物等的残体存在[36, 37]，所以造成了不同土地利用方式下土壤全氮含量的差异性，由于土壤全钾与土壤养分在土壤中的化学行为有关，非岩溶区土壤全钾含量比岩溶区高说明非岩溶区土壤对营养元素钾的化学行为影响比岩溶区土壤大。

土壤元素含量受成土母质和成土过程的影响。一般情况下，石灰岩形成的土壤比砂页岩形成土壤 Zn 含量要高[38]。这主要是因为石灰土成土母质石灰岩和白云岩中 Zn 的含量要高于砂页岩[39]。同时，石灰土形成过程中，土壤的富钙、偏碱性也使得 Zn 成为不易淋失的元素，容易相对富集[40]。李小芳等（2006）[6]对岩溶与非岩溶区的农田和森林土壤 Zn 元素形态进行对比分析表明，土壤中 Zn 元素主要以残渣态（占总量 68.5% ~ 85.0%）存在，而岩溶区比非岩溶区的要高，另外，岩溶区石灰土中 Zn 元素相对活泼态（离子交换态、碳酸盐结合态、腐殖酸结合态）含量均比非岩溶区对应的要低，而相对稳定态（铁锰氧化物结合态、强有机结合态）的含量均相反。这意味着岩溶土壤地球化学环境对土壤 Zn 的迁移、富集、形态转换具有明显的影响。

黄黎英等（2007）[7]对岩溶区和非岩溶区土壤溶解有机碳（DOC）含量的季节动态进行研究，结果表明，石灰土中溶解有机碳的质量分数为 19.367 5 ~ 143.252 4 mg·kg^{-1}，红壤的为 221.165 2 ~ 1 016.602 mg·kg^{-1}，石灰土因其偏碱、高钙镁、高有机质含量的特性而使得 DOC 含量远低于非岩溶区红壤的含量；在空间分布上都随土壤深度增加而降低。石灰土和酸性土 DOC 含量在秋季都达到最高值，在冬季或春季含量最低；岩溶区及非岩溶区土壤 DOC 含量的季节动态变化可以划分为 4 个阶段：（1）9—10 月高温少雨，植物凋落物增多，DOC 含量在一年中最高；（2）11—12 月，气温迅速降低，微生物活性随之降低，DOC 含量下降；（3）12 月月底—4 月，前期（12 月至次年 2 月）DOC 浓度随土壤有机质含量的增加而增加；后期（3—4 月）气温回升，降雨频繁，生物复苏，生物活动旺盛，土壤 DOC 含量迅速增加；（4）5—8 月，高温多雨，DOC 转化为 CO^2 释放出来，部分 DOC 随雨水淋失，土壤中 DOC 总含量不高。申宏岗等（2007）[8]对岩溶区与非岩溶区土壤溶解有机碳的空间变化研究，结果表明，非岩溶区的土壤溶解有机碳含量较岩溶区高，20 cm 深度比 50 cm 的高。这是因为，土壤溶解有机碳来源于植物枯枝落叶、土壤腐殖质、微生物伤亡个体及根分泌物，在非岩溶区，土壤受雨水淋失较少，土壤中所能溶解的物质并不随雨水的流失而消失，而在岩溶区，土壤受雨水淋失影响较大，土壤中可溶解的有机物随雨水流失，导致土壤中的有机物质减少。同时，低 pH 对应较高的土壤溶解有机碳含量。

周莉等（2007）[9]对岩溶区和非岩溶区的林地、灌草丛地、果园等土壤的土壤有机质和氮含量进行测定分析，结果表明，在相同土地利用方式条件下，岩溶区的土壤有机质、全氮和碱解氮含量大都高于非岩溶区。这是由于岩溶区土壤富钙偏碱，可溶性碳酸盐能与土壤腐殖质结合、凝聚，形成稳定的腐殖酸钙，有利于土壤有机质的积累[35]。在不同土地利用方式条件下，岩溶区土壤有机质、全氮和碱解氮含量表现为林地 > 灌草丛地 > 柚子园 > 银杏园，而非岩溶区土壤的各项指标差异较大、规律不明显。赵仕花等（2007）[10]对比分析岩溶区和非岩溶区土壤有机质与氮，结果表明，岩溶区和非岩溶区的有机质、全氮和有效氮的含量都是表层明显高于底层；相同土地利用类型下，有机质、全氮和有效氮在 0 ~ 20 cm 的含量是岩溶区高于非岩溶区，且林地 > 灌草丛地 > 耕地；有效氮含量与全氮和 pH 值有显著的正相关关系。

申宏岗等（2008）[11]对比研究岩溶区与非岩溶区果园土壤溶解有机碳与土壤养分性质的关系，结果表明，岩溶区土壤 pH 值与土壤溶解有机碳（DOC）呈极显著负相关关系，DOC 与土壤有机碳、全氮、速效氮呈极显著正相关关系，非岩溶区 DOC 与土壤有机碳、土壤全氮含量呈正相关关系。

韦红群等（2008）[18]对比研究岩溶区与非岩溶区秸秆堆土壤酶活性影响，结果表明，白酶的活性是非岩溶区的大于岩溶区，氧化氢酶、蔗糖酶、脲酶和纤维素酶活性基本上都是岩溶区的大于非岩溶区，从秸秆降解率来看也是岩溶区的要稍高于非岩溶区。由此认为，秸秆在岩溶区土壤中的降解作用比非岩溶区更强。

栗茂腾等（2006）[5]对比研究扇叶铁线蕨叶片对岩溶和非岩溶环境的生态适应性，结果表明，岩溶区生长的扇叶铁线蕨的叶片具有旱生植物叶片特点，即叶片为等面叶，叶肉细胞排列较为紧密以及叶片维管组织发达等，叶片表面特别是叶脉位置具有明显的刺状结构，超薄切片发现这些刺状膨大部分细胞内存在液泡结构，并且这些刺状结构在叶片抽真空的过程中变瘪，说明这些刺状结构可能具有储存水分的功能。非岩溶区生长的扇叶铁线蕨的叶片为异面叶，特点为叶肉细胞排列相对疏松，维管组织不发达，叶片表面具有很多明显的凹槽状结构。余龙江等（2007）[15]对比研究岩溶区和非岩溶区的黄荆和檵木的解剖特征进行了比较研究，并对两区的黄荆叶片表皮形态进行了扫描电镜观察。结果显示：（1）两地的黄荆叶片背面均有浓密的绒毛，但致密程度有差异，岩溶区黄荆叶片的气孔深藏于绒毛间隙，这种结构可减少水分蒸发，降低因岩溶干旱带来的水分缺失。（2）岩溶区黄荆和檵木的叶片厚度、上下表皮厚度、栅栏组织的厚度以及栅栏组织的致密程度均大于非岩溶区，这些特征有利于减少水分蒸腾。（3）岩溶区黄荆和檵木叶片的维管组织发达程度高于非岩溶区，有利于在蒸腾减小的情况下促进水分运输和营养元素的迁移，说明两种植物叶片结构特征在不同生境区的改变是其长期在岩溶区干旱环境条件下形成的适应性变化。

杨霄等（2008）[20]对比研究岩溶区和非岩溶区玉米叶片光合作用与锌含量和碳酸酐酶活性的关系，结果表明，岩溶区施加有机肥的土壤有效锌和玉米叶片锌含量均高于非岩溶区，岩溶区和非岩溶区的玉米叶片的锌含量分别为 47.85 mg/kg 和 43.35 mg/kg，岩溶区玉米叶片的碳酸酐酶活性和光合作用也高于非岩溶区，岩溶区的碳酸酐酶活性平均为 5.622U，非岩溶区的碳酸酐酶活性平均为 3.485U。

韦红群等（2009）[22]对岩溶区和非岩溶区柱花草根系与根际微生物组成多样性进行分析，结果表明，比较根系与根际 3 种微生物类群，两地区微生物数量变化除放线菌外都为非岩溶区 > 岩溶区，非岩溶区根际土壤细菌高达 0.73 亿个/g，岩溶区的为 0.25 亿个/g。从物种丰富度看，非岩溶区柱花草根系与根际的均大于岩溶区。就主根部位来说，非岩溶区的霉菌数达 12 种，岩溶区的仅为 6 种。

李小方等（2008）[16]对岩溶区与非岩溶区檵木叶片显微结构和钙形态进行分析，结果表明，岩溶区与非岩溶区檵木叶片在宽度和厚度、气孔分布频率、上表皮细胞大小和栅栏组织厚度等方面存在显著差异。岩溶区檵木叶片呈现出旱生结构特征，叶片钙形态分布的主要差异在于酸溶态和残渣态，岩溶区檵木叶片钙含量高达 29 679.75 mg/kg，残渣态钙含量是非岩溶区的 31.2 倍，推测残渣态主要沉积在细胞壁和胞间层基质中，加固了细胞壁，并限制了细胞分裂。

曹建华等（2011）[25]对比研究区岩溶区（石灰岩、白云岩）和非岩溶区（砂岩、页岩）植物叶片中钙形态，结果显示，与非岩溶区相比，岩溶区岩、土、水均含有较高的钙，植物体内能积累更多的钙[25, 41, 42]。碳酸盐岩的富钙性，导致岩溶环境中的富钙、偏碱性，从而导致岩溶区植物叶片中钙质含量平均值为 1 216.82 mg/kg，比非岩溶区高出 48.45%。岩溶区嗜钙型植物叶片中钙以果胶酸钙形态为主，其含量占总钙质量的 27.91% ~ 32.82%，非岩溶区嫌钙型植物叶片中的钙质以草酸钙形态为主，占总钙质量的 33.69% ~ 34.34%，中间型植物的各种钙形态在岩溶区与非岩溶区具有相似的变化趋势，这暗示着嗜钙型植物、嫌钙型植物及中间型植物均具有应对地质/土壤环境中钙的不同机制。岩溶区嗜钙型植物叶片中的钙主要赋存在细胞壁中，占总钙质的 59.05% ~ 66.54%，而非岩溶区嫌钙型植物叶片中的钙主要赋存在胞质中，占总钙质的 36.67% ~ 34.77%，意味着岩溶区植物细胞具有更高的结构稳定性和强度，有利于抵御恶劣的环境[25]。

徐祥明等（2007）[14]对岩溶区和非岩溶区牧草田间对比试验，测定植被在生长季内（6—8 月）的养分动态变化，结果表明：岩溶区牧草的 N 素平均值为 22.79 mg/g，非岩溶区牧草的 N 素略小于岩溶区，为 22.15 mg/g；岩溶区的 P 素平均值为 6.03 mg/g，非岩溶区牧草的 P 素小于岩溶区，为 5.35 mg/g。另外，无论是岩溶区还是非岩溶区，牧草的 N/P 与 N 的相关性最大，相关系数都大于 0.6，与非岩溶区不同的是，岩溶区牧草的 N/P 与 Ca 的相关性也很大，而非岩溶区的则较小。岩溶区牧草植物体 Ca、Mg 总含量分别是非岩溶区的 2 和 1.5 倍。牧草植物体 Ca、Mg 总量之所以岩溶区远高于非岩溶区，这是由岩溶区特殊的地质背景条件所决定的。岩溶区土壤的母岩为碳酸盐母岩，其主要成分为 $CaCO_3$ 和 $CaMg(CO_3)_2$。在这种母岩条件下发育形成的土壤，其 Ca、Mg 含量及 pH 值往往也较高，Ca、Mg 含量为红壤的

5 倍多，pH 值比红壤的 pH 值高 2.20 个单位，所以石灰土偏碱富钙[39]。而生长在这种土壤上的植物，其 Ca、Mg 含量自然就比较高。

刘彦等（2010）[23]探讨封闭系统中单生卵囊藻在岩溶水和非岩溶水环境下对溶解无机碳（DIC）利用及其对水体 Ca^{2+} 沉积影响的差异，结果表明，单生卵囊藻在低 CO_2 浓度时，通过胞外碳酸酐酶的催化，以 HCO_3^- 作为无机碳源进行光合作用。在岩溶水环境下单生卵囊藻 DIC 利用能力要高于非岩溶水环境（4.78 倍），而在此过程中对水体中 Ca^{2+} 沉积的影响也更高（2.13 倍）。在岩溶水（非岩溶水）环境下，有 42.6%（8.9%）的 Ca^{2+} 通过物理化学效应以 $CaCO_3$ 形式沉积，其余 Ca^{2+} 可能被藻体生长而吸收利用。

陈家瑞等（2010）[24]分别选取岩溶和非岩溶区林地、耕地等几种不同土地利用，对其土壤中细菌、放线菌、真菌三大微生物类群进行计数，结果显示，与非岩溶区相比，岩溶区土壤细菌和放线菌数量明显高于非岩溶区，真菌数量反之，且岩溶区微生物总量大于非岩溶区。

关保多等（2012）[28]对广西多站点参考作物蒸散量（ET_0）时空变化分析，发现岩溶发育地区的 ET_0 的年际变化比非岩溶发育略显剧烈。

杨洪和李荣彪（2012）[29]对凯里舟溪的岩溶与非岩溶区域进行典型样方植物调查，结果表明：非岩溶区域植物多样性高，以乔木和灌木为主，生长比较均匀；岩溶区域植物以草本和灌木为主。且两地植物属相似程度差异很大。

高喜等（2012）[31]对比研究岩溶和非岩溶区不同土地利用方式对土壤微生物活性的影响，研究表明：土壤微生物数量、微生物量碳在林地、灌木丛、草丛三种不同的土地利用方式下均表现为岩溶区 > 非岩溶区；岩溶区土壤微生物数量、微生物量碳表现为林地 > 灌木丛 > 草丛，非岩溶区土壤微生物数量表现为草丛 > 林地 > 灌木丛，微生物碳表现为林地 > 草丛 > 灌木丛。对于同一种土地利用方式，脲酶和蔗糖酶活性均表现为非岩溶区 > 岩溶区，过氧化氢酶活性表现为岩溶区 > 非岩溶区，除非岩溶区土壤脲酶活性表现为林地 > 草丛 > 灌木丛外，非岩溶区土壤过氧化氢酶、蔗糖酶活性及岩溶区土壤脲酶、过氧化氢酶、蔗糖酶活性均表现为林地 > 灌木丛 > 草丛。岩溶区土壤脲酶、过氧化氢酶、蔗糖酶活性和非岩溶区土壤蔗糖酶活性能作为土壤较理想的肥力指标。王静等（2013）[32]对岩溶地区和非岩溶地区两种优势树种桂花和青冈栎凋落叶的分解速率和养分释放规律进行研究，结果表明，分解 1 年后，凋落叶失重率桂花 > 青冈栎，同一物种岩溶区 > 非岩溶区。C：N 和 C：P 岩溶区青冈均比非岩溶区的高。

曹建华等（2004）[3]对西南岩溶县（碳酸盐岩出露面积占土地面积 ≥30%）和非岩溶县的生态系统对比研究认为：（1）西南岩溶生态系统中水、土资源的短缺且不协调。水资源以地下水资源为主，且难开发；土壤资源零星分散，土层薄，易流失。（2）岩溶石山区森林覆盖率明显低于非岩溶区，同时也暗示着岩溶石山区植被的恢复、演化慢于非岩溶区植被；石漠化分布特征表明岩性对岩溶生态环境的制约；脆弱的岩溶生态环境制约着生态系统的人口承载力。（3）贵州岩溶区的人均国民生产总值则远低于非岩溶区。广西、湖南、湖北、重庆等辖区岩溶县的人均国民生产总值、农民人均纯收入也不及非岩溶县。

第二节　舟溪实习基地概述

一、舟溪地理概况

　　凯里市舟溪镇位于贵州省东南部，距凯里市中心 19 km，地处北纬 26°24′32″—26°31′35″，东经 107°49′38″—107°59′39″，东临三棵树镇，南接雷山望丰乡，西抵丹寨县南皋乡和下司镇，北与鸭塘镇相接，方圆 115 km²。全镇人口 2.3 万人，耕地面积 9 321.14 亩（1 亩 ≈ 666.67 m²），林地面积 4 338.6 公顷，森林覆盖率 34%。区域位于云贵高原和东南丘陵的过渡地带，地势大致从西北向东南山体逐步增高，海拔 410～1 320 m，地形以山地为主。里禾河与舟溪河从镇中心两边穿过，交汇后注入清水江。本区域属中亚热带湿润季风气候，其特点是雨日多，时空分布不均，降雨集中在 5—7 月，为阵性降水，暴雨多，强度大，占年降水量 75% 以上；11—4 月降水量明显减少，仅占年降水量的 5% 以下。该区气候温和，冬无严寒，夏无酷暑，多年年均气温 13.6～16.2 ℃，最高气温 37 ℃，最低气温零下 4～7 ℃，年均日照 1 255 h，年均降水量 1 140～1 290 mm，无霜期 282 d。

二、舟溪实习基地建设概述

　　随着国家素质教育理念的提出，高校对实践教学不断重视，全国开设地理相关专业的各高校纷纷在全国范围甚至全球，根据典型地理现象而建立起各种比较成熟的实习实践基地。然而，新建的地方院校起步晚，人力、物力也相对薄弱，尤其是经费问题的限制，不能带学生到达更远的地方去共享已建立成熟的实习实践基地资源。因此，"就地取材"是他们在短期内能够满足野外实习要求的有效途径，需要因地制宜地开展工作，积极调查和挖掘周边的自然地理现象来满足实践教学需求。

　　贵州是西南岩溶（喀斯特）地貌分布中心，生态环境极为脆弱，这是贵州区域自然地理环境的一大特色。黔东南地区则分布有贵州区内几乎所有的非岩溶（非喀斯特）地貌，区内生态环境良好，这成为贵州区域内的自然地理环境一大特色。而贵州区域内的岩溶与非岩溶过渡带（界线），即扬子准地台（岩溶区）与华南褶皱带（非岩溶区）过渡带的保靖—铜仁—玉屏—凯里—三都深大断裂带，正好穿过凯里境内的舟溪镇附近。

　　"综合自然地理学"是《地理科学专业人才培养方案》中的专业核心课程，是各部门自然地理基础上的综合，在地理科学专业知识结构构建中起高度综合作用，野外实习实践是本门课程必不可少的重要环节。2010 年 3 月，作者接到凯里学院旅游学院（当时为旅游与经济发展学院）2008 级地理科学（本科）专业的"综合自然地理学"的"教学任务书"时，就开始在思索本门课程的野外实践教学内容和地点问题。

　　2010 年的五一期间，作者带上个别学生首次踏上舟溪这片热土，开始对舟溪区内出现的岩溶与非岩溶地理差异现象开展踏勘工作，经调查发现，过渡带两边的地质、地貌、水文、土壤和植被等自然地理要素差异非常明显，且具有岩溶与非岩溶地理环境的代表。这正是"综合自然地理学"中重要知识内容（区域地质地貌引起的地域分异规律）典型的自然界"教材"。此行对舟溪存在的地理现象有了了解，并收集一定的第一手资料。回校后根据舟溪出现的地理现象，结合"综合自然地理学"专业理论，开始做野外实践教学内容和路线设计，初次形成《综合自然地理学——舟溪野外实习计划书（2010）》。《实习计划书》中的内容主要包括实习目的和要求、实习准备、实习过程[包括实习内容与路线（点）和分组进行]和实习总结（包括实习心得和实习报告及撰写要求）等部分。随后2010年5月中旬带领2008级地理科学本科班的36位学生开展野外实习实践，取得良好效果。

2010年暑期，作者指导并带领2008级地理科学本科班张林、罗腾元、徐晓超和张晓丽4位同学开展"舟溪岩溶与非岩溶区土壤植被差异性调查"，通过大量的野外调查和室内土壤样品实验与植物标本鉴定，最终完成题目为"岩溶与非岩溶区域交界两侧的土壤植被差异性调查——以凯里市舟溪为例"的野外实践调查报告，并将此成果参加了由中国地理学会和中山大学地理科学与规划学院联合举办的"第二届全国高校地理专业本科生野外调查大赛"，荣获"论文三等奖"，部分成果已被整理成文章在中文核心期刊上发表[29]。2010年9月经旅游学院地理教研室讨论决定，将舟溪作为"综合自然地理学"长期的野外实习实践教学基地加以建设，其《实习指导书》由本书作者撰写，2010年10月完成了《凯里舟溪综合自然地理学实习手册（2010）》的编写工作。

自2010年学院把舟溪列为"综合自然地理学"野外实习基地建设以来，经4年的野外调查，编者对舟溪岩溶与非岩溶的地质背景、水文地貌、土壤和植被等自然地理现象的差异有了更深入的了解和认识，收集了丰富的野外第一手资料和积累了丰富的实践教学经验。通过实践教学，学生对岩溶与非岩溶两套独特的地貌单元具有深刻的认识和记忆，了解到岩溶和非岩溶由于存在的地质背景差异，而引起的水文地貌、土壤和植被等的不同。经过野外训练，学生可增强野外实践能力，并对理论知识有更深的理解。

三、舟溪实习基地的社会实践意义

贵州岩溶脆弱生态环境在全国具有其特殊性，而黔东南非岩溶区生态环境良好，在贵州区内是自然地理环境的一大特色。贵州区域内的岩溶与非岩溶的分界线穿过凯里境内的舟溪镇附近。舟溪野外实习基地建设是根据岩溶与非岩溶的地质背景存在明显不同，而引起水文、地貌和土壤、植被的巨大差异，采用对比分析方法，开展两种地质背景下地质、地貌、水文现象和土壤、植被差异性实习实践调查，探究其生态环境的性质和差异性的。此实习基地建设与调查研究，不仅为地理专业学生提供教学实习实践环境和增长知识能力平台，也为人们提供岩溶与非岩溶差异性的科普知识，更为社会生产更好的因地制宜，合理开发生态资源，有效确定土地利用方向，科学指导生态恢复与环境保护等提供理论依据。

本教程的编写工作，主要是在前期考察工作和实践教学经验总结的基础上，进一步挖掘舟溪地理要素和丰富实习内容，扩充实习路线（点），进而完善实习指导教程，使实践环节更具体和详尽，让学生在特定的时间内学到更多野外实践知识和技能，更好地实现应用型人才的培养目标。同时，希望本教程正式出版后，可以在社会上得到关注和传播，让更多的人去认识岩溶与非岩溶，了解我们周围的环境特点，更合理地利用土地和有效保护环境，促进环境友好型社会构建，对生态文明建设起到一定积极推动作用。

第三节 实习目的、内容、要求及成绩评定

野外实习是地理科学专业知识教学的一个重要环节。搞好教学实习，培养扎实的野外工作能力，是地理专业教学的特色。野外实习是同学们理论联系实际、增长感性认识、培养综合动手能力和锻炼意志、增强体质的良好机会。舟溪综合自然地理是在完成各部门自然地理（地质、地貌、水文、气候、植物和土壤）实习之后，和在"综合自然地理学"的课程教学过程进行的必修教学环节（限在第四学期内完成），它能为后续人文和经济地理调查、科学研究和毕业论文选题与写作打下良好的野外调查经验和专业基础知识。

一、实习目的

（1）认知地理现象。在教师指导下，通过对野外典型地理现象的直接观测、认知、描述和对比分析，获得基本地理现象的感性认识，加深室内教学中基本地理知识和理论的理解，培养地理思维能力和时空观念。

（2）熟练掌握一些野外地理工作的基本技能。熟练掌握地质罗盘、地质图、地形图和野外记录簿的基本功能和作用；掌握地质剖面的野外定点、产状测量和描述记录等工作技能，以及初步掌握一些常见岩石类型的野外识别方法；掌握宏观地貌的考察与描述方法，以及河流地貌的对比观测与分析；掌握土壤完整剖面的开挖与观测描述方法，样品采集以及室内处理与测试分析；掌握植物调查方法和标本采集标准，以及标本鉴定与分析。

（3）培养艰苦奋斗、实事求是、勇于探索的学习生活作风和科学精神，锻炼意志，增强体质，适应野外地理工作环境。

（4）了解人与自然、环境和可持续发展的科学关系，增进人文和社会意识，增强地理环境意识和社会责任感。

二、实习内容

为了让学生尽量不做同样的内容，同时也满足不同学生们的兴趣爱好而有更多的选择空间，根据实习区域的地理环境特点及其出现的地理现象，在区内设计 4 个大的实习调查方向，它们的基本内容介绍如下。

1. 岩溶与非岩溶的地质剖面对比观测

以案例（剖面）分析的形式，调查岩溶与非岩溶区域的地质背景的差异性。在岩溶与非岩溶区域的某个岩组地层上，分别找到一个比较典型的地质剖面，开展较为详细的调查，然后做对比分析，找出两者的差异性。

2. 岩溶与非岩溶的水文地貌考察与对比分析

考察岩溶与非岩溶区域的宏观地貌形态的差异性，并作流水地貌的对比分析。在岩溶与非岩溶的特殊地质背景和水动力的内外因作用下，发育不同的宏观地貌类型组合和差异的流水地貌形态，因此，将通过大量的野外实习实践来探讨两者的地貌差异状况及其原因。

3. 岩溶与非岩溶的土壤剖面观测及其理化测试分析

通过岩溶与非岩溶区域的土壤剖面的野外调查、分层观测与描述和室内处理与理化测试分析，探索不同地质背景下的土壤理化性质及其肥力的差异性，并分析其原因和对植物生长的影响。

4. 岩溶与非岩溶的植被调查与标本鉴定及其对比分析

采用样方调查方法，对不同地质背景下生长的植物类型，生物多样性以及生态效应问题进行对比分析与探讨。

三、实习要求及注意事项

1. 实习时间安排

（1）实习安排在第4学期大约第6周或第7周（即《综合自然地理学》的第二章"自然地理环境的地域分异"内容结束之后进行）。

（2）野外实习分为两个阶段：第一阶段，带队教师对地理现象进行讲解，并做技能方法的演示，学生学习与掌握调查方法，以及指导学生进行实习观测点（剖面）的选取；第二阶段，学生分组实践，每组一个实习内容，并派一个专业教师指导。老师指导，学生动手操作实践，包括对地理现象的观察、测量、样品与标本采集、识图、填图、素描、记录与描述和拍摄。

（3）接下来的一周时间内进行数据资料整理，土壤试验，矿物岩石和植物标本的整理与鉴定。

（4）在第11周完成实习报告的提交。

2. 基础知识要求

基础知识包括地球概论、地图学，尤其是各部门自然地理学（地质学、地貌学、水文学、气候气象学、土壤学和植物地理学等），并借助于地理信息系统（GIS）和遥感（RS）技术工具。在外出实习之前，必须要加强相关知识点的复习。

3. 实习前期准备

借助图书馆、资料室和网络（尤其是中国知网）查阅大量文献和资料，包括实习区域的基础资料、相关研究领域的学术文献资料，参阅相关的调查研究方法和分析技术，以及参照科技论文写作格式和报告模版。

4. 分工要求

本实习将分为四个阶段，即实习前资料准备、实习过程、室内整理与样本测定、数据资料分析与报告撰写。每个班级按人数多少分为 x 个小组，每小组必须选出一个组长，每小组做一个不同的实习内容（或可以内容一样，地点不同）。

实践过程以组长责任制来管理。为了让每个同学都能积极参与到实习实践中来得到锻炼，同时也培养他们的团队合作精神，每个小组在四个不同的阶段中，必须有明确的分工，责任到人。组长在实习前必须提交一份初步的实习计划书和责任分工情况材料，待实习结束、提交报告时，一同上交完善的小组实习计划、分工责任和实习总结。

5. 工具准备与要求

基础工具：图书（教科书），电脑（相关软件），网络资源，等等。

野外工具：地质包、地质锤、罗盘、放大镜、测绳（皮尺）、锄头、铲子；地形图、地质图、相关遥感图像；标本夹、直尺、量角器、铅笔、橡皮、野外记录本、表格、米格纸、比色卡；话筒、GPS、数码照相机、笔记本电脑等。

长衣长裤，运动鞋，雨伞，干粮。

室内工具：土壤实验室的土壤理化性质处理与测定相关仪器、仪表和工具，植物标本处理与鉴定相关工具，地质岩石标本鉴定与测试工具，等等。

6. 野外实习过程要求

能熟读地形图和地质图等图件，找到自己所在的地理位置和所处的地质背景，比如在什么样的岩组地层上，并且能自主地去选点和定点，然后开展实习调查研究。

掌握在地形图和地质图基础上绘制自然地理综合剖面图，并在工作底图上进行填图。

掌握地质剖面观察与测量方法，如岩层产状、厚度测定方法等，并能够对某些特殊地理现象进行素描，尤其是地质剖面和地貌类型，有必要还对岩石标本进行采集。

能够挖开标准的土壤剖面，能进行实地观测与分层描述，并按土壤样品采集方法进行样品采集。

掌握植物样方调查方法，按植物标本的采集标准进行标本采集。

在野外实习的全过程中，认真做好对地理现象进行实地描述，野外记录、拍摄、采样（标本）等工作。

7. 室内实验与测定要求

对野外采集到的地质（岩石）标本进行鉴定，对植物标本及时开展鉴定与分析工作。

借助实验室及时对土壤样品进行处理及其理化性质测试分析。

对野外收集到的音、图、文和物等各种第一手数据资料及时进行整理与分析，以免过时而遗漏大量信息。

8. 实习成果（报告）要求

（1）格式与文体：符合科技论文写作要求。

（2）内容与形式：必须紧扣实习内容，语句通顺、简练，论据充分，资料数据准确、可靠，图文并茂。

（3）参考文献：引用之处必须标注（中括号上标），并按科技论文写作要求统一在文后罗列。

（4）字数要求：每份报告要求字数在1万字以上，数字统计范围包括从标题到参考文献的所有内容的文字。

（5）实习心得：每一位实习学生在上交小组的实习报告之外，还要另外上交一份"实习心得"。心得包括自己的实习过程（从收集资料准备到提交报告，下同）的收获、不足，小组存在的不足，指导教师在组织实习过程中的不足，以及以上不足的改进设想等；同时概述自己在实习过程中所担当的分工任务，在不同阶段做了哪些具体工作，对小组贡献大小的自我评价。

四、成绩评定

本次实习具体成绩比例分布如下。

1. 小组分工与协助（10%）

主要评分依据为：小组的实习计划、分工责任和实习总结，以及实习过程的团队合作表现等。

2. 野外工作技能（10%）

在野外实习过程中，对各项调查方法和收集资料技能的掌握程度和实际运用情况。

3. 野外记录簿（10%）

在实习过程中，野外记录是获取第一手资料的重要途径，因此，野外记录簿是重要的考核对象之一。

4. 实习报告质量（60%）

实习报告是一个团队（小组）整个实习过程的综合成果，报告的质量是评价一个团队的总体实习效果。一份好的实习报告，不仅展现集体的资料收集、野外实习方法和技能的掌握及其运用，也体现分析和写作能力，同时也揭示一个团队的合作与协助精神和力量。因此，实习报告作为最重要的成绩考评材料。

5. 实习心得（10%）

"心得"是一个人做一件事的体会、收获和经验教训的总结，也是未来发展方向的重要指向，同时也是老师组织学生实习的成败的重要评价和存在问题的反馈，是老师组织好今后野外实习实践的重要改进方向，所以也作为一个非常重要的考核内容。通过考核，督促同学们去养成学会总结的好习惯，也为教师今后更好地组织学生实习提供参考。

第二章
区域自然地理背景

第一节　区域地质背景

贵州位于华南板块内，处于东亚中生代造山与阿尔卑斯-特提斯新生代造山带之间，横跨扬子陆块和南华活动带两个大地构造单元[43]。在已知 1 400 Ma 地质历史时期中经历了武陵、雪峰、加里东、华力西-印支、燕山-喜山等 5 个阶段。华南褶皱带从武陵构造阶段早期的大洋地壳，经武陵构造阶段晚期和雪峰加里东构造阶段的过渡性地壳，到早古生代末的广西运动发生基底褶皱，并与扬子准地台焊接为一体进入稳定地台阶段，相继形成一套盖层[44]。雪峰运动奠定了扬子陆块的基底，广西运动使黔东南地区褶皱隆起与扬子陆块熔为一体，以后又经历了裂陷作用、俯冲作用，燕山运动奠定了现今构造的基本格局。多次造山作用的地应力场在变化多端的地应力条件下，形成了挤压型、直扭型和旋扭型三类构造形式，交织成一幅复杂多变的应变图像[44]。其特点是：（1）贵州的地质构造属板内构造，构造的主体为薄皮构造。（2）变形不十分强烈，在贵州发育最完整、最广泛的构造样式是侏罗山式褶皱带。

贵州震旦纪的岩石地层自黔中到黔东，再到黔东南区域延展的总趋势是：地层的沉积类型由稳定变得活跃；地层单位的总厚度由薄变厚；下部主要由陆相地层变为海相地层；组成地层单位的岩性由简单变得复杂。黔东南地区构造复杂，发育有多期次、不同组合类型的构造形迹。通过构造解析划分出了顺层韧性剪切带、阿尔卑斯式褶皱、侏罗山式褶皱、过渡性剪切带、逆冲推覆构造及地垒-地堑式构造等组合类型。它们分别产出于造山前期伸展背景、造山带、造山带前陆和造山后地壳隆升背景。

黔东南地层发育较完全，总厚度在 3 万米左右，出露的地层由老到新有：四堡群、下江群、震旦系、寒武系、奥陶系、志留系、泥盆系、石炭系、二叠系、三叠系、侏罗系、白垩系、第三系和第四系[43]。其地层分区特点：（1）震旦系大面积分布，上部成为板溪群，下部九龙群。出露厚度达 2 万米，是西南地区地层层序比较完整的地段。（2）震旦系冰碛砾岩最厚达 4 300 m，但灯影组厚仅数米到数十米。（3）寒武系及下奥陶统岩性及生物群具有扬子地层区向华南地层区过渡性质。（4）上古生代地层分别于板溪群、震旦系、寒武系或下奥陶统有局部轻微角度不整合现象。但凡有中奥陶统及志留系存在处，均为假整合关系。（5）中生界仅有下三叠统，系均缺失。

凯里市地层发育较齐全，自晚元古宙形成地台基底后，古生代多次接受海相沉积，尤以早古生代地层发育，海相地层的层序较连续，化石较丰富。晚元古宙以海相碎屑沉积为主，古生代以海相碳酸盐沉积占优势。之后，地壳上升，接受陆相碎屑沉积。

第二节　地貌类型

贵州的地貌类型主要以高原山地、丘陵和盆地三种基本类型为主。其中 92.5% 的面积为山地和丘陵，山间小盆地仅占 7.5%。平均海拔在 1 100 m 左右，是一个海拔较高、纬度较低、喀斯特地貌典型发育的山区，喀斯特地貌出露面积为 10.91 万平方千米，占全省总面积的 61.9%。贵州地势西高东低，起伏较大，自中部向北、东、南三面倾斜，呈三级阶梯分布。第一级阶梯平均海拔 1 500 m 以上；第二级阶梯海拔 800～1 500 m；第三级阶梯平均海拔 800 m 以下。从面上来看：最高地区是西部的威宁，平均海拔 2 166 m；最低地区是东部的玉屏，平均海拔 541 m；两地相差 1 625 m。再从点上来看：最高点在赫章县的韭菜坪，海拔 2 901 m；最低点在黎平县水口河出省处，海拔只有 148 m。最高点与最低点海拔相差达到 2 753 m。境内山脉众多，层峦叠嶂，绵延纵横，是一个典型的山区。北部有大娄山，主峰娄山关，海拔 1 444 m，地势险要。东北部有武陵山，主峰为梵净山，海拔 2 572 m，生态系统发育良好。西部有乌蒙山，最高峰是贵州屋脊韭菜坪，海拔 2 901 m。石林与草场交相辉映。中部有苗岭，主要山脉雷公山，海拔 2 178 m，森林茂密，溪水透明，拥有多种国家濒危、珍稀植物。

黔东南州总体地势是北西南三面高而东部低。中部雷公山是苗岭的主峰，也是长江水系与珠江水系的分水岭，舞阳河、清水江、都柳江等主要河流都由西尔东流经州境。境内地貌特征及发展历史属复活山地地貌类型。燕山运动以后，直到第三纪晚期地长时间内处于相对稳定并广泛遭受剥蚀夷平，第三纪晚期至第四纪早期，地壳运动加强并以隆升为主。按山地地貌的成因划分为岩溶地貌区和剥蚀、侵蚀地貌区，两者界限大致是在镇远焦溪、台江施洞、凯里挂丁、丹寨复兴一线，该线西北地区形成岩溶地貌，南东地区形成剥蚀侵蚀地貌。形成溶洞、暗河、天生桥、石林、溶斗、峰丛峰林、溶丘等岩溶地貌。

凯里市境内地貌形成于燕山运动之后，发育分大娄山期、山盆期、乌江期三个时期。地貌深受地质构造控制，不仅控制着区域地貌景观，而且制约山脉、水系格局。岩溶地貌分布于里禾至台江龙井、施洞口断层以北地区，类型发育齐全，形态多样，碳酸盐岩石出露面积占全市总面积的 79.04%，浅变质岩构造剥蚀，侵蚀地貌占 20%。层状地貌明显，河流分水岭为山原中山之低中山地带。清水江河岸为丘陵宽谷与峡谷地带。

凯里市地貌类型为侵蚀构造类型和溶蚀构造类型。侵蚀构造类型有：由变余砂岩、凝灰岩、板岩等组成的脊状中山；由石英岩和少量页岩等组成的垄状脊状中山；由页岩及少量砂岩、石灰岩组成的垄状低山。溶蚀构造类型有：由石灰岩组成的岩溶低中山；主要由石灰岩组成的岩溶低山；由白云岩组成的弱岩溶低中山、弱岩溶垄状低山、弱岩溶馒头状低山、弱岩溶丘陵。地貌类型展布较全，山原、山地、中山、低中山占全市覆盖面的41.76%，低山占18.72%，河谷盆地及河流地貌占1.76%~3%。境内崇山峻岭、地面崎岖、平地较窄。西北部炉山至冠英一带，显露低中山台面上的中丘地带。三江至凯里为海拔小于800 m的低丘陵地区。马鬃岭、马鞍山、龙王庙顶、香炉山等山高耸立、峰峦叠翠、景色奇特。境内有云溪洞老君洞、杨家洞、舟溪朝阳洞等，较大的岩溶洞穴中，各种乳石千姿百态；万潮狮子庄石林区石林、石柱、石牙、石笋星罗棋布高低不一，起伏不平的奇峰异石，姿态万千，一步一姿，移步换景，为凯里市发展旅游业提供了有利条件。

第三节　气候条件

贵州在全国的温度带划分中属于亚热带范围。由于海拔较高，纬度较低，所以受纬度、地形和大气环流的影响，表现为冬温较高，夏温较低，大部分地区年平均气温在15 ℃左右，冬无严寒，夏无酷暑。但两隅则寒暖各异，黔西北高寒地区，冬冷夏凉，1月平均最低气温在0 ℃以下，极端最低气温威宁曾达－15.3 ℃，以致长冬无夏；偏东、南河谷地带，冬暖夏热，7月平均最高气温在32~34 ℃，极端最高气温铜仁曾达42.5 ℃，故夏长冬短，甚至无冬；有的地方，1月平均气温仍在10 ℃左右。黔东北由于处于冷空气入侵的前哨，故松桃、玉屏、万山、三穗等地的极端最低气温均低于－10.0 ℃。黔西南因与云南接壤，冬半年盛行西南气流，水气少，故云量少，日照充足，气温高，因而1月平均气温在6 ℃以上。

贵州距离南海较近，处于冷暖空气经常交锋地带，降雨量多，年降水量为850~1 600 mm，属于湿润地区。贵州的降水量可分为3个多雨区和2个少雨带，多雨区的降水量均在1 300 mm以上。在3个多雨区之间就是少雨带，贵州雨量最少的是威宁、赫章、毕节一带，年降水量在900 mm左右，其中赫章最少，为854.1 mm。贵州各地常年雨量充沛，年降雨量比蒸发量大。各地降雨量年变化较小，但一年中各时期变化较大，常出现一段时间干旱少雨，一段时期却大雨或暴雨连连不断的情况。贵州雨季每年4月上旬到5月上旬自东向西到来，6—7月雨量最大，此时正值高气温、多光照时期，水、热、光基本同步，对农作物生长十分有利。

凯里市年平均气温在13.6~16.2 ℃，北部和东部的湾水、旁海最高，达16.2 ℃，西北部大田最低，为13.6 ℃，其余地区14~16 ℃。其中凯里15.7 ℃，炉山14.6 ℃。气温的年变化曲线呈单峰型，最热月是7月，平均23.2~25.8 ℃，最冷月是1月，平均2.6~5.2 ℃。凯里市气温日较差，天气不同，差异较大，一般阴雨天日较差小，在强冷空气入侵的晴天日较差较大,如 1966 年 2 月 22 日炉山最高气温达 22.4 ℃,最低气温仅 – 2.6 ℃,日较差达 25.0 ℃,一日之中经历了春夏秋冬四季温度的变化。月平均日较差的最大值出现在 8 月份,其中凯里 9.3 ℃,炉山 8.4 ℃。最小值出现在 2 月份,其中凯里 6.7 ℃,炉山 6.2 ℃。一般谷地、盆地的日较差大于山峰的日较差。

凯里市市境内年平均降水量在 1 140 ~ 1 290 mm,西北部和东南部较多,在 1 250 mm 以上,北部较少,在 1 150 mm 以下,其余在 1 150 ~ 1 250 mm。年际变化较大,其变化商为 1.8 ~ 1.9。凯里市降水有明显的多雨期和少雨期,多雨期出现于 4—10 月,降水量占年降水量的 82% ~ 84%,少雨期出现与 11 月子翌年的 3 月,降水总量占年降水量的 16% ~ 18%。月降水量以 6 月份最多,达 206 ~ 214 mm,12 月最少,仅 26 ~ 31 mm。

凯里市年平均降水日数为 172 d(凯里)和 190 d(炉山)。市境内的降水以小雨为主,凯里和炉山平均小雨日数为 135.4 ~ 154 d,占全年总降水日数的 78.9% ~ 81.1%;中雨年平均 23.4 ~ 24.2 d,占年总降水日数的 5% ~ 5.3%;暴雨日数年平均 3 ~ 3.1 d,占总降水日数的 1.5% ~ 1.6%;大暴雨日数平均仅 0.2 ~ 0.3 d;特大暴雨日数出现的概率极少。

第四节　水文状况

贵州的河流都是山区雨源型河流,由降雨补给河川径流。省内雨量充沛,但降雨的地区分布不均,一般是南部多于北部,山区多于河谷。省内河网密布,10 km 以上的河流共 984 条,分属长江和珠江流域,大体以乌蒙山、苗岭为分水岭,以北属长江流域,流域面积 115 747 km²,占全省总面积的 65.7%,包括乌江、赤水河、清水江、洪州河、锦江、牛栏江、横江等;以南属珠江流域,流域面积 60 381 km²,占全省总面积的 34.3%,包括南盘江、北盘江、红水河、都柳江、打狗河等。按河流流域面积划分,1 万平方千米以上的河流有乌江、六冲河、清水河、赤水河、北盘江、红水河(包括上源南盘江)、都柳江 7 条。河网密度,按 10 km 以上河流计算,每平方千米河长 17.1 km。以东部锦江最密,每平方千米河长 23.2 km;以西境内的主要河流,除清水河发地中部、都柳江发源于南部外,其余多发源于西部。

省内河流皆顺地势向东、南、北三面迂回曲折进入邻省,呈放射状。河流的上游,大都河谷开阔,耕地集中,人烟稠密,工业发达,河流比较平缓,田多水少,工业用水矛盾较突出;中流河谷束放相间,比降小,水流湍急,水力资源丰富;下游河谷深切狭窄,傍河台地少,水量大,水力资源丰富,河流比降略缓,有通航和放木之利。一些河流穿行于岩溶地区,形成多段伏流,伏流段落差集中,常达 100 m 以上;某些河段,由于河床岩性的差异,形成多级瀑布,如世界闻名的位于打帮河上的黄果树瀑布;有的河流,由于伏流段通道阻塞,形成常年性或季节性的湖泊,西部和西南部的小河流上较多,俗称海子,最为著名的是威宁草海。

根据地下水赋存条件和含岩层的性质,贵州地下水可分为松散岩类孔隙水、基岩裂隙水及碳酸盐岩类岩溶水三大类。贵州地下水的主要类型是岩溶水，分布极广，几乎遍及全省，约占地下水总量的 70% 以上，是目前工业、农业用水及城镇生活用水的重要水源之一，具有开发价值；其次是裂隙水；孔隙水分布面较少。地下水化学性质复杂，有 10 余种类型，以碳酸氢钙型为主，碳酸氢镁型次之。

黔东南州地处长江、珠江上游，属长江、珠江防护林保护区。境内水系发达，河网稠密，有 2 900 多条河流，以苗岭为界，分成两大水系。苗岭以北为沅江水系，其北支舞阳河、南支清水江均发源于黔南州，自西向东横贯我州，流入湖南境内。在州内的流域面积为 20 706 km²，占全州总面积的 68.2%，较大支流有杉木河、龙江河、车坝河、重安江、巴拉河、南哨河、六洞河、亮江河、鉴江河、洪州河。苗岭以南为西江水系，发源于黔南州的独山县境内，自西向东南流入广西境内，在州内流域面积为 9 095 km²，占全州总面积的 30%，较大支流有排调河、平江河、寨蒿河、孙缆河、平正河、独洞河、水口河、双江河。除上述两水系外，长江流域乌江水系余庆河在州内流域面积为 536 km²，仅占全州总面积 1.8%。

凯里市境内共有河流 56 条 (含溪流 35 条)，总长约 550 km，市境流域总面积 1 306 km²。其中流域面积大于 20 km² 以上的 1.2 级支流有 21 条，分属清水江、重安江、巴拉河。

（1）清水江　发源于都匀市、贵定县交界的斗篷山巅，东流经都匀的马尾等地，迂回转北流进麻江，于同兴村折东进入市境，贯穿中部，于凯棠东北向，注入台江县。过境河段经格河、鸭塘、凯里、九寨、翁项、旁海等 7 个乡镇，长 46 km，流域面积 617 km²。有中等河流一、二级支流 11 条。

（2）重安江　旧称狗窝河，上游称鱼梁江。主支发源于麻江县坝芒乡水头村和翁河村，流经乐坪、响水后注入福泉县，折东经黄丝、安谷，至大田乡西部边界入境，再沿福泉与凯里、凯里与黄平三县市边界向东北转正东过重安、湾水至旁海岔河汇入清水江，合流后经旁海的两河向东北流入台江县。过境河段长 56 km，流域面积 455 km²，多年平均流量 23.7 m³，天然落差 117 m，平均每千米比降 2.1 m。有中等河流一、二级支流 5 条。

（3）巴拉河　旧称九股河、排乐河。源于雷公山，在雷山县境内称丹江河，自市境南部流入后称巴拉河。经平乐、开怀、桂丁、格冲等乡镇后入台江县。过境 42 km，流域面积 234 km²，多年平均流量 4.26 m³/s，天然落差 121 m，平均每千米比降 2.9 m。有中等河流一、二级支流 2 条。

第五节　土壤类型

贵州土壤面积共 15.91 万平方千米，占全省土地总面积的 90.4%，属中亚热带常绿阔叶林红壤—黄壤地带。贵州土壤在地理分布上具有垂直—水平复合分布规律，即在相同纬度下发育了同一地带性土壤，但在不同的地势高度下，由于成土条件的差异，又形成不同的土壤带，因而在水平地带性的基础上，又表现出垂直分布规律。此外，贵州土壤还受地区性母质和地形等条件变化的影响，产生一系列区域性的非地带性土壤。

贵州土壤类型繁多，分布错综。有黄壤、红壤、赤红壤、红褐土、黄红壤、高原黄棕壤、山地草甸土、石灰土、紫色土、水稻土等土类。黄壤广泛分布于黔中、黔北、黔东海拔 700～1 400 m 和黔西南、黔西北海拔 900～1 900 m 的山原地区，发育于湿润的亚热带常绿阔叶林和常绿落叶阔叶混交林环境。赤红壤和红壤分布于红水河及南、北盘江流域海拔 500～700 m 的河谷丘陵地区，红褐土则分布稍高，均形成于南亚热带河谷季雨林环境。黄红壤为红壤与黄壤间的过渡类型，分布于东北部铜仁地区及东南部都柳江流域海拔 500～700 m 的低山丘陵，发育于湿润性常绿阔叶林环境。高原黄棕壤分布于黔西北海拔 1 900～2 200 m 的高原山地和黔北、黔东海拔 1 300～1 600 m 的部分山地，发育于冷凉湿润的亚热带常绿落叶阔叶混交林环境。山地草甸土仅在少数 1 900 m 以上的山顶和山脊分布，发育于山地灌丛、灌草丛及草甸环境。石灰土为岩性土，省内凡有石灰岩出露的地方几乎都有发育，并常与黄壤、红壤等土类交错分布。紫色土主要分布于黔北赤水、习水一带，省内其他地方有零星分布，主要发育在紫色砂页岩出露的环境。水稻土是贵州主要的耕作土之一，其理化性质特殊，在全省各地皆有分布。对农业生产来说，贵州土壤资源数量明显不足，可用于农、林、牧业的土壤仅占全省总面积的 83.7%。

根据土壤的地域差异，贵州土壤大致分为 3 个亚带：中亚热带常绿阔叶林黄壤、黄红壤亚带，分布范围较广，包括本省东部和中部广大地区，地带性土壤是黄壤和黄红壤，下分 6 个土区；具北亚热带成分的常绿落叶阔叶混交林高原黄棕壤、黄壤亚带，位于西部及西北部，以高原黄棕壤和黄壤为主，分为 2 个土区；南亚热带具热带成分季雨林赤红壤、红壤亚带，位于省的西南部，以赤红壤、红壤为主，仅 1 个土区。

黔东南州土壤分布从东南向西北和从东向西为红壤—黄红壤—黄壤，呈水平分布。从低（都柳江、清水江、舞阳河）到高（月亮山、雷公山、佛顶山），为红壤（300 m 以下地区）—黄红壤（300～500 m 地区）—山地黄壤（750～1 400 m 地区）—山地黄棕壤（1 400～1 900 m 地区）—山地灌丛草甸土，呈垂直分布。因岩性和小地形等因素的影响，各地分布有一些非地带性的隐域性土壤，发育在紫色砂页岩、砂泥岩上的紫色土，发育在石灰岩地区的石灰土，发育在河谷地区的冲击土等。

凯里市的土壤类型分为黄壤、石灰土、紫色土、水稻土 4 个土类，15 个亚类，36 个土属，77 个土种。各类土壤面积为 169 万亩，占全市总面积的 86.34%，其中自然土 138 万亩，旱作土 15 万亩，水稻土 16 万亩。

（1）黄壤　黄壤是中亚热带常绿阔叶林生物气候条件下形成的地带性土壤，主要分布在东南的平乐、桂丁、格冲、开怀、舟溪、青曼、地午的乡镇，总面积 321 318 亩，其中耕地黄泥土 35 712 亩。其成土母质多为砂页岩、石英砂岩及第四纪黏土。

（2）石灰土　主要是碳酸盐岩类发育的土壤。境内各地均有分布，总面积 694 900 亩，其中旱作土 65 800 亩。成土母质为白云质灰岩、泥灰岩、白云岩、砂性灰岩、纯质灰岩等风化物，也有第四纪黏土和砂页岩发育的黄壤在复盐基作用下生成的次生石灰土。

（3）紫色土　紫色土是由紫色砂岩、页岩和砂页岩等紫色沉积岩风化物发育而成的岩层土壤。总面积 48 981 亩，其中自然土 39 717 亩，旱作土 9 264 亩。舟溪也有分布。

（4）水稻土　水稻土是各种类型自然土和旱作土长期水耕熟化形成的一种土壤，各地均有分布，总面积 16.24 万亩，占耕作土总面积的 52.18%。

第六节　植被类型

贵州在植物资源方面，从亚热带到暖温带的植物在贵州几乎都能生长，贵州森林资源有木本植物 124 种（512 属、2 450 种）。林木、林果品类也较多。用材树种有杉、华山松、马尾松等。木本油料树种主要有油桐、油茶、乌桕等。特种经济树种有漆树、杜仲、盐肤木、棕榈等。干果类树种，有核桃、板栗等。珍稀树种，有银杉、秃杉、桫椤、珙桐、鹅掌楸、水青树、闽楠等 40 余种。贵州森林覆盖率达 30.83%。

贵州野生植物有 3 800 余种，可分为药用植物、经济植物和珍稀植物等几大类。野生药用植物资源，主要有天麻、杜仲、桔梗、天冬、龙胆草等 3 700 余种，占全国中草药品种的80%。贵州是全国四大中药材产区之一，许多贵州中药材被誉为"地道中药材"而畅销国内外。在国内外市场占有重要地位的，有天麻、石斛、杜仲、厚朴、吴萸、黄柏、黔党参、何首乌、灵芝等 30 多种。野生经济植物中，以纤维、鞣料、芳香油为主的工业用植物，主要有杉木、松木、泡桐、青冈、栎类等，约有 600 种；以维生素、蛋白质、淀粉、油脂植物为主的食用植物，有栗类、青冈子类、胡桃、刺梨、食用菌等 200 余种，其中刺梨、猕猴桃、食用菌等具有较高的营养价值和开发价值。贵州列入国家保护植物名录的珍稀植物有 70 种，其中一级保护植物有银杉、珙桐、秃杉、桫椤 4 种，占全国同类植物总数的 50%。

全省天然牧草有 400 多种，优良牧草资源 200 余种。近年来，贵州已开发草地 6.66 万公顷，有 16 个县（市）建设人工草地、半人工草地和牛、羊生产基地。贵州农作物品种丰富，栽培的粮食作物、油料作物、经济作物近 600 个品种。粮食作物有禾谷类的水稻、玉米、大麦、小麦、高粱、黍、荞等。豆类有大豆、蚕豆、绿豆、小豆等。薯芋类有甘薯、马铃薯、山药、蕉芋等。油料作物有油菜、花生、芝麻、向日葵等。经济作物有烟叶、茶、甘蔗、蚕桑等。

凯里市境内主要的森林植被类型及其分布格局为：

（1）常绿、落叶阔叶混交林　主要在海拔 700～1 100 m 的低中山中下部或丘陵地带，常见树种有岩青、白青、锥栗、板栗、柞木、紫茎、白杨等，分布于舟溪、桂丁、清平、龙场、平良、大田、五里桥等乡镇的部分地区，面积 6.5 万亩，占有林地面积的 18%。

（2）马尾松林　现在的马尾松林系次生群落，生长在海拔 650～1 200 m 的低中山全部或中下部以及丘陵地区，面积 24 047 万亩，占有林地面积的 68%。青曼乡大塘、舟溪乡青山、新光，都有大片分布。

（3）柏木林　凯里的柏木林 95% 以上是人工营造，在海拔 600～850 m 的喀斯特丘陵和隆状低山上的白云岩、砂岩和石灰岩地区，面积 2.2 万亩，占有林地面积的 6.14%。主要是凯里城郊的风景林。

（4）杉木林　市境杉木林均属人工植造，生长在海拔 550～800 m 的低中山下部或沟谷中，面积 1.6 万亩，占有林地面积的 4.5%。舟溪乡黄金寨附近有分布。

（5）竹林　境内大部分村头寨尾和沟后河边均有零星分布，品种有金竹、白竹、杨膛竹、紫竹、罗汉竹、算盘竹、楠竹、刺竹等，面积 2 077 亩，占有林地面积的 0.57%。

（6）灌木林　境内均有分布，面积 3.5 万亩，占有林地面积的 9.74%。

（7）杜仲林　均为人工植造，主要分布在格冲乡的赏郎，荷花乡的对门坡，舟溪乡、青曼乡部分地区，面积 676 亩。

此外还有茶叶林、草坡的分布。野生植物也广为分布。

第三章
舟溪岩溶与非岩溶区地理环境差异

第一节　舟溪地质环境差异

一、地质差异

舟溪处于扬子准台地与华南褶皱带两个一级大地构造单元的过渡带，在贵州的东南部华南早古生代褶皱带内。区内出露晚元古宙下江群、古生代二叠系、中生代中侏罗系及新生代第四系等地层，其中二叠系与下江群呈微角度不整合接触，侏罗系与二叠系呈平行不整合接触。扬子准地台经历了武陵、雪峰运动、燕山运动、喜马拉雅运动等多次构造运动，华南褶皱带从武陵构造阶段早期的大洋地壳，经武陵构造阶段晚期和雪峰加里东构造阶段的过渡性地壳，到早古生代末的广西运动发生基底褶皱，并与扬子准地台焊接为一体进入稳定地台阶段，相继形成一套盖层。区域出露的地层有从前震旦系的下江群到震旦系至古生代的寒武系、奥陶系、志留系、泥盆系、石炭系、二叠系，另有第四系地层出露（如图 3.1.1）。

研究区内以龙井街断层为界主要分为东南非岩溶区和西北岩溶区两块基础地质背景，龙井街断层位于舟溪西南面垂直距离 4.5 km 处，构造形迹大体北东向构造。岩溶与非岩溶交界大致以这条断层线为划分，断层线西北边为岩溶区，东南边位非岩溶区（图 3.1.1）。

（一）非岩溶区

1. 前震旦系（Pt）

前震旦系地层在实习区内大面积分布于东南区域，为变质的浅海、滨海相复理式沉积，总厚度 3 800 m 以上。分为 3 组，自下而上为：清水江组（Pt_3xjq）、平略组（Pt_3xjp）和隆里组（Pt_3xjl）（图 3.1.1）。

（1）清水江组（Pt_3xjq）　主要岩性为浅灰、灰绿及深灰色变余凝灰岩、变余沉凝灰岩、变余砂岩、粉砂岩及板岩等。以含较多凝灰质为其特征，砂岩中有时含黏土质砾石。该组普遍发育鲍马序列，多种类型的槽模构造，显然为陆源碎屑浊流沉积夹有火山碎屑重力流沉积。实质可能包含火山碎屑浊积岩和碎屑流沉积。在岩性上从北西向南东，砂质和凝灰质减少而黏土质沉积增多。本组中未见微古植物（疑源类）化石。在黔东北松桃、铜仁、江口地区原划分的板溪群，现贵州境内下部称为红子溪组，上部亦称清水江组，层位相当湖南的五强溪组。梵净山南东的清水江组为浅灰、灰绿及灰色变余砂岩、变余凝灰岩、变余沉凝灰岩、粉砂质板岩等互层。由于上覆地层的超覆而出露不全，所以黔东北的清水江组仅相当雷公山小区清水江组的下部，厚度为 0～500 m。

（2）平略组（Pt₃xjp） 本组系原清水江组第三段（1962）更名，主要岩性包括浅灰、灰及灰绿色绢云母板岩及粉砂质板岩夹少量凝灰质板岩及变余砂岩等。在台江、雷山等地，下部夹少许变余沉凝灰岩，上部夹少量紫红色绢云母板岩，中上部偶见碳酸盐岩小透镜体。在平略、孟彦、平永等地，中部或上部可出现长达数千米的变余砂岩透镜体，有时尚见砾岩夹层，自南东向北西凝灰质板岩及变余砂岩夹层逐渐增多。与下伏原清水江组二段及上覆隆里组均为整合接触。本组厚度 900～2 200 m。锦屏至三都厚度均较大，为 2 000 m 左右。板岩中见有少量微古植物 *Leiopsophosphaera sp.*，*Trachysphaeridium sp.*等。

（3）隆里组（Pt₃xjl） 由灰—浅灰黄、灰绿色变余含砾不等粒砂岩变余粉—细砂岩与粉砂质板岩、绢云母板岩不等厚互层。与下伏之下江群平略组、与上覆之长安组均为整合接触。隆里组主要沉积特征显示为浅海陆源碎屑沉积为主，其中可能间有碎屑流沉积。本组微古植物丰富，有 *Leiopsophosphaera*，*Kildinella*，*Pseudozonosphaera*，*Trachysphaeridium* 等属。厚度为 450～900 m，具有由南东向北西增厚的趋势。隆里组与平略组一样，仅分布于天柱—丹寨一线东南和黎平—从江一线西北的雷公山小区。

隆里组分为两个段，第一段（Pt₃xjl¹）为浅灰至灰色变余粉砂岩夹砂质板岩、粉砂质板岩及绢云母板岩，偶夹凝灰质板岩。变余砂岩及变余粉砂岩中有时含砾或砾岩透镜体。由北西往南东砂岩减少。天柱—从江一带一般厚度为 600～800 m，最小厚度为 250 m；榕江、三都、丹寨较厚，其厚度多在 1 000 m 左右，最厚可达 2 200 m。第二段（Pt₃xjl²）为浅灰绿、灰绿色绢云母板岩，粉砂质板岩夹少量变余粉—细砂岩，偶夹紫红色绢云板岩，板岩中常含绿泥石斑点，有时具滑塌成因的包卷层理和角砾构造。

2. 震旦系（Z）

震旦系（Z）地层在实习区内分布于中南区域，有铁丝坳组（Z₁t）、大塘坡组（Z₁d）、南沱组（Z₁n）、陡山沱组（Z₁ds）、灯影组（Z₁dy）和与寒武系过渡的留茶坡组（Z∈l）（图 3.1.1）。下统分为铁丝坳组（Z₁t）大塘坡组（Z₁d）和南沱组（Z₁n），主要有石英砂岩、绢云母板岩、砂质板岩；上统分为陡山陀组（Z₁ds）和灯影组（Z₁dy），主要有炭质页岩、硅质岩、白云岩、白云质页岩。本系总厚度 680 m 以上，下伏下江群为假整合接触。

（1）铁丝坳组（Z₁t） 整合于下伏两界河组和上覆大塘坡组之间的一套中粒碎屑沉积。岩性为浅灰、灰、深灰色中厚层含砾杂砂岩、砾质砂岩、混碛岩、砾质泥岩、杂砂岩、岩屑砂岩、粉砂质黏土岩。厚 24 m。

（2）大塘坡组（Z₁d） 为含锰岩系，位于下伏古城组和上覆南沱组两个冰碛层之间，为间冰期沉积。主要为黑色、灰黑色薄层状粉砂岩及粉砂质页岩，夹含锰页岩和含锰灰岩。厚数米至 200 m 左右，在黔东北松桃一带最厚，往东至湘、鄂等地变薄。该组位于古城组与南沱组之间，与下伏古城组为整合关系。产微古植物 *Trachysphaeridium rude*，*T. Cultum*，*T.Simplex*，藻类 *Eosynechococcus datangpoensis*，*Nanococcus vulgaris*，菌类 *Eoastrion sp.*等。在湖北长阳县古城测得其 Rb-Sr 法全岩等时线年龄为 739 Ma，湖南花垣县民乐该组 Rb-Sr 法全岩等时线年龄为（728±27）Ma。

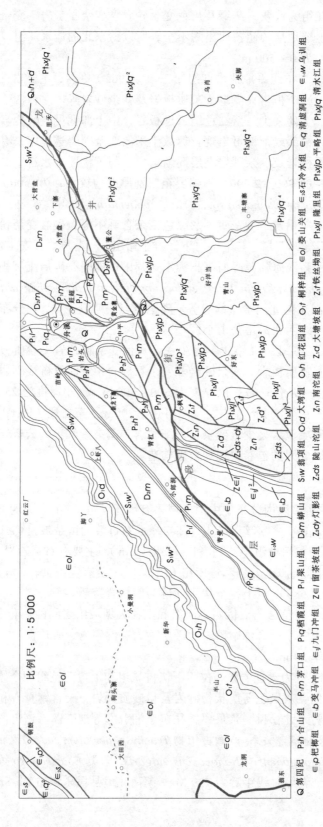

图 3.1.1　研究区域地质图

（3）南沱组（Z_1n） 是以组为岩石地层单位的地层结构。原称"南沱冰碛层"，属南华系上统，本组为冰川堆积。在莲沱王丰岗，该组底部以一层灰绿色块状泥砂质砾岩与下伏莲沱组顶部之灰绿色和紫红色凝灰质粉砂岩、粉砂质泥岩和凝灰质细砂岩互层接触，顶部以黄绿色含砾砂质黏土岩与上覆陡山沱组底部之灰白色硅质白云岩分界。主要为巨块状冰碛泥砾岩，总体绿灰色，少数为紫红色。砾石大小不一，分选性差，形状多样，成分复杂，常见砾石上有擦痕或钉字形凹坑。上部夹薄层砂岩透镜体；顶部可见层理明显的黏土质砂岩和砂质黏土岩，常含零星小砾。厚 60～110 m。与下伏莲沱组或大塘坡组假整合接触。产微古植物：*Leiopsophosphaera densa*, *L. Leguminiformis*, *Trachysphaeridium* sp., *Trematosphaeridium holtedahlii*, *T. Minutum*, *Taeniatum crassum*, *Laminarites antiquissimus* 等。南沱组为南沱冰期的堆积物，后期冰川开始消融，局部呈现冰水沉积特征，可见纹泥层、坠石等。此组广布于扬子地层分区和江南地层分区的范围。

（4）陡山沱组（Z_1ds） 以黑色页岩、泥岩、泥灰岩、砂页岩等为主。个别地区顶部含磷块岩，部分地区底部以碳酸盐为主，如黔、湘、鄂西一带，为浅肉红色白云岩。川东北城口一带暗灰色的薄层灰岩普遍含磷质。石门一带上部产迭层石。该组是南沱冰期冰川消融后引发的广泛海侵初期的产物，广泛分布于扬子地层区范围。当时扬子古陆大部分地区被海水淹没，但各地水深不同。其命名剖面所在地区长江三峡宜昌一带，可能为碳酸盐台地的斜坡末端，海底位于浪基面之下，水深近于广海陆棚。陡山沱组的 Rb-Sr 法全岩等时线年龄为（691±29）Ma。

已知有微古植物、宏观藻类和后生动物。微古植物有 20 余属，以刺球藻群中一些属、种的出现为特征，如 *Micrhystridium*, *Comasphaeridium*, *Tianzhushania* 等；宏观藻类有 *Enteromorphites*, *Doushantuophyton* 等；蠕形动物为 *Sabellidites*；海绵骨针有 *Eospicula yichangensis*, *Hazelia liantuoensis* 等。本组厚多 200～250 m，最厚处可达 400 余米。

在贵州区域内，该组为一套含泥、砂质成分的碳酸盐岩。主要为灰、褐灰及灰黑色泥质白云岩，底部常有含锰白云质灰岩与下伏南沱组灰绿色泥砾岩接触。下部白云岩含较多硅磷质结核和团块，微层理发育；上部白云岩夹燧石层并含燧石团块，顶部有一层黑色炭质页岩与上覆灯影组白云岩分界。在黔东地区，该组含磷块岩；黑色页岩中含银，局部成矿。陡山沱组位于南沱组之上，灯影组之下，与下伏南沱组呈假整合接触。与下伏长安组呈假整合接触。全组厚度一般为 100～200 m，个别地区厚仅数十米。

（5）灯影组（Z_1dy） 是一套以灰及灰白色为主的碳酸盐岩地层，基本上由白云岩组成。在滇东及陕南，中上部夹砂岩及页岩，产蠕形动物及宏观藻类。在命名剖面所在地区，底部以灰白色厚层微晶及细晶白云岩与下伏陡山沱组顶部黑色炭质页岩接触，顶部以含小壳化石的白云岩与下寒武统水井沱组底部之黑色页岩分界。

该组岩性三分明显：下部为灰白色内碎屑白云岩，含核形石及燧石条带和结核，称蛤蟆井段；中部为黑色薄板状含硅质、沥青质微晶石灰岩，含石膏层，称石板滩段；上部主要为灰白色块状硅质白云岩，微晶或粗晶白云岩，内碎屑白云岩，夹燧石层，含燧石团块和燧石结核，产同生角砾岩，称白马沱段；顶部白云岩常含磷，可成磷块岩矿，称天柱山段。全组厚度变动于 200～1 000 m。灯影组位于陡山沱组之上，下寒武统牛蹄塘组或水井沱组之下，与下伏陡山沱组整合接触。

该组富含动物和植物化石。微古植物有 *Micrhystridium*, *Lophosphaeridium*,

Pseudozonosphaera, *Hubeisphaera* 等 20 余属、50 余种；宏观藻类有 *Vendotaenia*，*Tawuia*，*Tyrasotaenia* 等属，蠕形动物有 *Micronemaites*，*Sinotubulites*，*Sabellidites* 等，此外尚有海绵骨针以及海鳃类动物 *Paracharnia*。该组顶部含磷白云岩或夹磷块岩的碳酸盐岩部分，富产小壳化石，其时代属下寒武统梅树村阶。灯影组属于碳酸盐台地的不同沉积相。自下而上表现为从台地边缘相向上逐次为潮间低能带的局限台地相至潮间–潮上的碳酸盐岩局限台地相。灯影期总体表现为海平面逐渐下降，海水逐渐变浅，而在古气候方面具有干燥、炎热的气候特征。该组广泛分布于扬子地层分区的许多地区，在鄂西、黔中、滇东、川西、陕南等地尤为发育。

（6）留茶坡组（Z∈l）　是以组为岩石地层单位的地层结构。分布于湘黔交界地区。下部为灰色厚层硅质岩，上部为薄、中层硅质岩，顶部夹少量灰质板岩、页岩，局部地区还夹少量灰岩、白云岩透镜体。自安化留茶坡向北西，下部碳酸盐岩逐渐增加，向南碳酸盐岩减少甚至绝迹。而以中—薄层状的硅质岩增多，甚至全部为硅质岩。厚 2~200 m。顶部含蠕形动物化石。与下伏南沱组和上覆寒武系小烟溪组均呈整合接触。

3. 寒武系（∈）

区域内寒武系（∈）地层下、中、上三统均有出露。下统为砂、页岩、石灰岩，厚 270~1057 m；中、上统主要由灰岩、白云岩、泥灰岩组成，中统厚 200~495 m，上统厚 265~718 m。本系厚 2 659 m，与下伏震旦系为区域性假整合接触。

舟溪实习区域内主要出现的寒武系有变马冲组（ϵ_1b）、清虚洞组（ϵ_1q）、乌训组（ϵ_{1-2}w）、九门冲组（ϵ_2j）和寒武系与奥陶系过渡的娄山关组（∈ol）。其中娄山关组分布于岩溶区（图3.1.1）。

（1）变马冲组（ϵ_1b）　为碳质层纹状砂质页岩、碳质泥岩、碳质页岩、粉砂岩，偶夹砂岩。含三叶虫：下部产 *Hupeidiscus orientalis*，*Hsuaspis sp.*，*Metaredlichia sp.* 等；上部产 *Chengkouia*，*Protolenella*，*Neocobboldia sp.*，该组可建立两个化石带：下部是 *Hupeidiscus orientalis* 带；上部为 *Chengkouia-Neocobboldia* 组合带。此外尚含腕足类及海绵骨针等。属远岸平静、海水较深的弱氧化环境。上与杷榔组、下与九门冲组均为整合接触。厚 28~531 m。

（2）清虚洞组（ϵ_1q）　自下而上为深灰色鲕状灰岩、豹皮状灰岩、白云质生物屑灰岩、灰岩夹灰质白云岩、白云岩和泥质白云岩夹粉砂岩及鲕状白云岩。含三叶虫等化石。下与金顶山组，上与高台组或陡坡寺组均为整合接触。

（3）乌训组（ϵ_{1-2}w）　在区内出露面积较大，岩性为灰、灰绿、黄、青灰色粉砂质页岩、钙质页岩，中上部夹有一层深灰、灰色薄—中层纹层状粉—泥晶灰岩，顶为深灰色中层纹层状泥岩，粉晶灰岩，向上显示变浅变厚序列。

（4）九门冲组（ϵ_2j）　黑色有机质灰岩夹灰绿、灰黑色页岩。含三叶虫化石。下与牛蹄塘组、上与变马冲组均为整合接触。厚 5~300 m。

（二）西北岩溶地层区

1. 寒武系（∈）

在实习区的西北面（图3.1.1），寒武系的娄山关组（∈Ol）地层大面积出露，为一套灰、浅灰色薄层—块状微—细晶白云岩、泥质白云岩夹角砾状白云岩，局部含燧石团块。上段以灰、浅灰色白云岩为主，夹后层白云岩；中段以浅灰色中厚层、薄层白云岩、泥质岩为主，夹浅灰色角砾状白云岩；下段为灰、浅灰色中厚层至块状微—细粒白云岩。含三叶虫：*Paramecephalus meitanensis, Loshunella*。厚 1 022 m。与上覆地层桐梓组为整合接触；与下伏地层陡坡寺组（或石冷水组、平井组或比条组）为整合接触。

2. 奥陶系（O）

区域内奥陶系（O）出露下统地层，分为桐梓组（O_1t）、鸿花园组（O_1h）和大湾组（O_1d）（图 3.1.1）。主要为生物屑泥灰岩、生物屑灰岩、泥质白云岩，中、上统缺失。本系厚 280 m，与下伏寒武系连续沉积。

（1）桐梓组（O_1t）　由灰—深灰色中至厚层夹薄层微—细晶白云岩和细—粗晶生物屑灰岩，夹砾屑、鲕豆粒白云岩，常含燧石团块或结核，顶及下部夹灰、灰绿色页岩。含三叶虫 *Dactylocephalus-Asaphellus* 组合带，*Tungtzuella* 延限带，牙形石 *Acanthodus costatus* 组合带，*Scolopodus quadraplicatus* 组合带，*Scolopodus barbatus* 延限带。为浅水台地沉积。整合于娄山关组之上、红花园组之下。厚 20～225 m，一般厚 100 m。

（2）红花园组（O_1h）　主要分布于鄂西及贵州一带。岩性主要以深灰色厚层灰岩、生物碎屑灰岩夹页岩，产朝鲜角石、满洲角石、海绵、蛇卷螺等。厚 20～30 余米，与下伏分乡组呈整合接触。

（3）大湾组（O_1d）　由下而上的岩性有青灰色瘤状石灰岩夹黄绿色页岩，产扬子贝，故又称"扬子贝层"，中部红色薄层石灰岩富含头足类化石，上部灰绿色页岩夹瘤状灰岩。自下而上含 3 个化石带：① 瑞典断笔石带，② 前环角石带，③ 中国齿状雕笔石小型变种带。全厚 50 余米。与下伏红花园组呈整合接触。本组与江苏红花园组大致相当。

3. 志留系（S）

志留系（S）地层在区域内发育不全，只有下统，为翁项组（S_1w）（图 3.1.1），主要有钙质砂砾岩，厚 0～66 m，本系厚 327 m。与下伏奥陶系假整合接触。

翁项组（S_1w）　上覆地层上翁项群岩性为滨海、浅海相砂质页岩，含三叶虫、腕足类、瓣鳃类、介形虫。下伏地层下翁项群岩性：为灰、灰褐、黄绿色含钙质细砂岩，间夹灰、深灰色中至厚层灰岩，具底砾岩。含珊瑚、腕足类。

4. 泥盆系（D）

泥盆系（D）地层在区内上、中统均有沉积，缺失下统。中统主要为泥质粉砂岩和生物屑泥灰岩；上统主要为生物屑泥灰岩和白云岩。本系厚 0～396 m。

在实习区内主要出现蟒山组（D_2m），岩性以石英砂岩为主，夹少量泥页岩、含砾砂岩及砂质白云岩（图 3.1.1）。沉积环境为滨岸碎屑相。底与韩家店群平行不整合接触；顶被独山组鸡窝寨段整合覆盖。厚 0～500 m。

5. 二叠系（P）

二叠系（P）地层上、下统均有沉积，下统梁山组下部为角砾状含铁质硅质页岩、砾岩，上部为鲕状及致密状赤铁矿，厚 5 m；栖霞、茅口组均为燧石灰岩，分别厚 107 m，151 m。上统为合山组，主要由燧石灰岩和生物屑灰岩组成，厚22~150 m。本系总厚度463 m（图3.1.1）。

（1）梁山组（P_1l）　以石英砂岩和黑色含铁质页岩为主，夹黏土岩及煤层，厚度约为100 m，最厚达900 m。本组分为3层：下层为浅灰色含植物根茎的黏土岩；中层为黑色灰质页岩或煤层；上层为深灰色页岩砂岩夹硅质岩。厚约0~52 m，一般10 m，由南往北变薄。下与新滩组或罗惹坪组为平行不整合，上与阳新组为整合接触。

（2）栖霞组（P_1q）　为浅海相硅质碳酸盐岩沉积，以暗蓝灰色层状灰岩为主，含不规则的燧石结核，厚110~250 m。在南京地区自下而上大致分为4层：①青灰岩层，为黑色沥青质泥质灰岩，无燧石结核，含 *Misellina claudiae* 及 *Schwagerina tschernyschewi* 等；②下硅质层，为黑色不纯灰岩及硅质页岩，含燧石结核，含珊瑚 *Wentzellophyllum volzi*，厚2~18 m；③为黑或深灰色厚层灰岩，含燧石结核，上部含珊瑚 *Polythecalis yangtzeensis*，*Hayasakaia elegantula* 及 *Nankinela orbicularia* 等，下部含珊瑚 *Wentzellophyllum volzi* 等，厚100 m；④上硅质层，为黑色硅质页岩及不纯灰岩，含燧石结核，含 *Parafusulina multiseptata*，珊瑚 *Polythecalis multicystosis* 等，厚约20 m。

（3）茅口组（P_1m）　分布于华南、西南一带，主要岩性为浅灰色、灰白色块状纯灰岩为主，厚40~450 m。按岩性及化石自下而上可分为4段：①眼球状构造页岩及泥质灰岩，富含隐石燕；②浅灰至灰色块状灰岩，含厚壁珊瑚、拟犬齿珊瑚、矢部、朱森、苏门答腊；③浅灰色块状质纯灰岩，含新希瓦格、矢部、朱森；④浅灰至灰色灰岩与燧石层互层，含朱森、矢部、新希瓦格。上述分层仅见于四川境内。本组与下伏栖霞组呈整合接触。与茅口组相当的中国华北及东北南部下石盒子组地层全为陆相沉积。三峡的茅口组与苏南的孤峰组相当，广西、滇东、川西的茅口组，则与粤、湘的当冲组，闽西南的童子岩组和吉林的范家屯组相当。

（4）合山组（P_2h^2）　现更名为"大隆组"，按岩性可分为下、上两部：下部，黑色砂质页岩夹灰白色、灰绿色页岩及砂岩，厚20 m；上部，灰色、灰黄色、灰绿色硅质页岩及砂岩，厚15 m。本组富含菊石群，如假提罗菊石、肋瘤菊石等，另有腕足类欧姆贝、植物化石鳞杉等。假提罗菊—肋瘤菊石带和长兴组的古纺锤带一样，都是世界上古生界最高的化石带。本组与下伏龙潭组（或其相当层位）呈整合接触，与上覆三叠系呈整合接触。

6. 第四系（Q）

第四系（Q）地层主要见于舟溪以南的山间河谷坝地（图3.1.1），为第四纪残积物堆积。

二、野外调查实例分析

（一）实测剖面的目的及剖面位置的选择

在某一地段内，沿一定方位实际测量和编制地质剖面图是一项重要的基础地质研究工作。在实测剖面工作中，凡是剖面线所经过的所有地质现象都要进行观察描述，各种地质数据和资料都要进行测量和收集，所涉及的地质问题都要进行详细研究。包括：沿剖面线的地形变化；各时代地层的岩性特征及厚度；古生物化石层位及所含化石的种属特点；地层的接触关系；系统采集岩石标本及化石标本，采集各种分析样品待室内进行分析研究；有时要有专门人员进行地球物理及放射性测量等项工作。

在地质测量工作中，通过实测剖面系统掌握测区内上述资料的基础上，详细而准确地划分地层，确定填图单位，明确分层标志，为顺利开展地质测量做好基础工作。为了使实测剖面顺利而有效地进行，选择好剖面线的位置是很重要的。选择剖面线有以下几点要求：

（1）剖面线要通过区内所有地层，并应该尽可能垂直于岩层走向。所测每一时代地层最好要有顶面和底面，选择发育好、厚度最大的地段。

（2）剖面线经过地段露头要好，尽可能选择连续山脊或沟谷。避开障碍物，减少平移。

（3）根据对剖面研究的精度要求，确定剖面比例尺。如果要求将出露 1 m 宽的岩性单位划分并表示出来，就应选取 1 : 1 000 的比例尺绘制；如果要求将出露 2 m 宽的岩性单位划分并表示出来，则应选取 1 : 2 000 的比例尺绘制，等等。

（4）剖面的起点与终点应作为地质点，标定在地形图上。

根据以上要求，在舟溪实习区内选取了穿越岩溶与非岩溶区的两条剖面线 A—A′和 B—B′，如图 3.1.2。

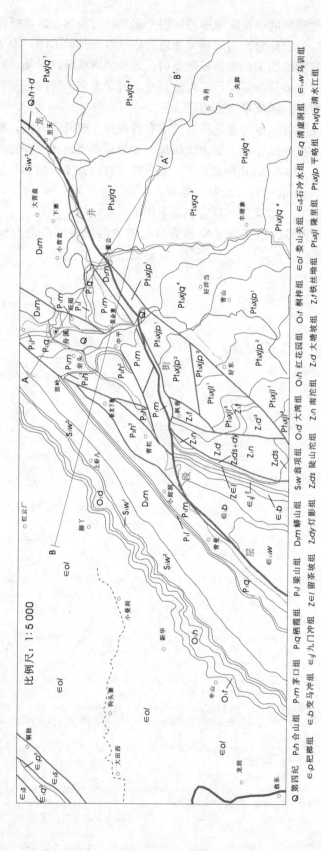

图 3.1.2 地质剖面位置图示

比例尺：1:5 000

Q 第四纪 P₂h 合山组 P₁m 茅口组 P₁q 栖霞组 P₁l 梁山组 D₂m 鳞山组 S₁w 翁项组 O₁d 大湾组 O₁h 红花园组 O₁t 桐梓组 Z₂ds 南沱组 Z₂dy 灯影组 Z₁l 留茶坡组

∈₁b 变马冲组 ∈₁p 杷榔组 ∈₁j 九门冲组 Z₁l 留茶坡组 Z₁l 大塘坡组 Z₂d 大塘坡组 Z₂ds+dy 陡山沱组 ∈₂l 石冷水组 ∈₂s 石冷水组 ∈₁l 清虚洞组 ∈₁q 清虚洞组 ∈₂l 娄山关组 Pt₁xj/p 平略组 Pt₁xj/l 隆里组 Pt₁xj/q 清水江组 Pt₁w 乌叶组 Pt₁xj/q¹ 乌训组

（二）野外地质剖面实测

剖面测量方法有直线法和导线法。如果剖面较短，地形简单，利用直线法便于整理。如果剖面较长，且地形变化较复杂时，一般用导线法进行。野外工作有地形及导线测量、岩性分层、测量岩层产状、观察描述、填写记录表格、绘制野外草图、采集标本及取样等。

1. 测量导线方位、导线斜距及地形坡度角

首先对准导线方位。一般用 50 m、100 m 长的测绳测定导线斜距，即测绳起点至终点的米数。其次，测量导线方位和地形坡度角，导线方位是指导线的前进方向，用方位角记数。最后，地形坡度的测量是利用罗盘测斜仪来完成。

2. 观察、描述及分层

观察、描述及分层是实测面的中心工作，一切都围绕其进行。分层是根据岩石的岩性、颜色、成分、结构、构造上的差异性特征，按照比例尺的精度要求，划分出不同的岩石单位，在分层处做好标记，并且将分层的位置在导线上读出。重要的地质现象要作素描图或照像。

3. 标本和样品的采集及编号

原则上对所分层岩层应逐层取样，其中包括地层标本、古生物化石标本、岩石薄片标本、矿石光片标本、岩石化学分析样品、人工重砂样、同位素年龄样、古地磁样等等。对重点层位要加密采样。采集标本及样品的注意事项：

（1）一定要在真正露头上采集样品及标本，不能用转石代替。

（2）取样位置要准确，在测绳上读准斜距，做好记录。

（3）标本与样品一定要取新鲜岩石，规格视需要而定，一般情况下标本规格为 $3 \times 6 \times 9 \ cm^3$ 或 $2 \times 4 \times 6 \ cm^3$，特殊样品可大一些或小一些。

4. 填写记录表格

实测剖面需要在野外填记专用的记录表格。

表格内除各项水平距、高差、累积高差、产状视倾角、分层厚度等项待室内整理时，经计算或查有关表格填入外，其余各项均应在野外准确无误填写。

5. 绘制草图

在实测剖面中，应现场绘制草图，包括平面图和剖面图，以便在室内整理时参考。

1）野外平面图的绘制方法

首先大体确定剖面的总方位，可在野外大体测量，也可在地形图上用量角器量得设计剖面的总方位。以图纸的横线作为该剖面的总方位线，在图纸的上方标明北的方向（N）（如图3.1.3）。在图纸上确定剖面的起始位置，开始，在图纸上剖面起点处沿导线方位角画一射线，在该射线上截取出导线水平距[根据导线斜距及地形坡度角求出水平距 $D = (L_1 - L_2)\cos\beta$，或者按比例用作图法求出]。将导线起止点标好序号，按照导线顺序一一作出。在各导线上，按

照分层水平距截取各分层位置,在适当位置标记产状符号、古生物化石采集部位等(图 3.1.3)。连续画出各导线上内容,直到剖面终点。

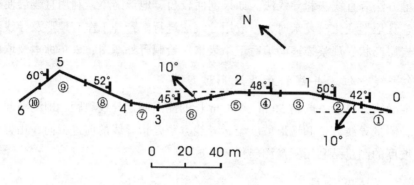

①~⑩ 为分层号; 45°⊥ 为产状

图 3.1.3 平面示意图

2）剖面草图的绘制方法

在图纸上，平面图下方的适当位置绘制野外剖面草图。此时图纸的横线即为水平线，竖线则为标高（按作图比例尺）。确定剖面的起点后，按照地形坡度角由起点作一射线，在其上按作图比例尺截取第一条导线的斜距，依此，在第一条导线的终点的地形坡度角及斜距画出第二条导线，依此类推，就可以得到剖面方向上的地表地形线。在该线上截取各分层斜距，将其分层位置标明，按照实际产状，在剖面地形线下方依次绘制岩性花纹符号，标明产状及地层时代（图 3.1.4）。

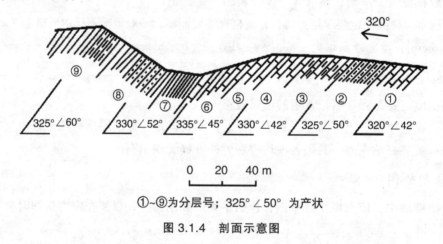

①~⑨为分层号；325°∠50° 为产状

图 3.1.4　剖面示意图

（三）实测剖面的室内整理

实测剖面的室内整理是很重要的一项工作，不仅是绘图方法问题，实际上是对剖面的系统研究过程。其中包括野外所取得资料、数据及标本的系统整理，清绘平面图及剖面图，计算分层厚度，并且在以上整理的基础上编绘地层柱状图。

1. 野外原始资料的整理

认真核对野外记录、实测草图、岩石标本、岩性描述记录等。使各项资料完整、准确、一致，如果出现遗漏和错误，立即设法补充和更正。整理时要鉴定化石、岩石及矿石标本，校核野外定名，确定地层时代，及时送出薄片鉴定及化学分析样品等。

2. 岩层厚度计算

岩层厚度是指岩层顶、底面之间的垂直距离，即岩层的真厚度。在实测剖面整理中，往往利用岩层的出露宽度（分层斜距）、地形坡度、岩层产状等数据求出岩层的真厚度。

3. 清绘平面图和剖面图

根据野外草图和记录，最终要清绘出正规的平面图和剖面图。首先求得合理的剖面线方位，一般的选择是将剖面的起点和终点的连线方位作为剖面的方位，剖面线方位的选择在野外草图上进行最为方便（如图3.1.5）。选择好剖面方位之后，图纸上的横线就是剖面方位线，据此将图纸定好方向，绘好图纸上北（N）向方向指标。然后按照新的图纸方位，根据野外记录绘出正规的平面图，其绘法和内容同野外草图。其具体作法如下。

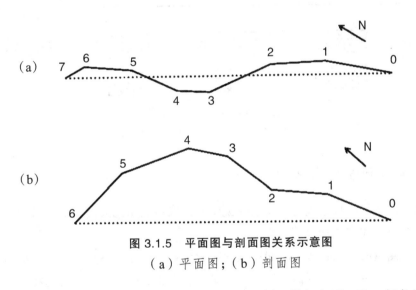

图 3.1.5　平面图与剖面图关系示意图

（a）平面图；（b）剖面图

画剖面图是由已经画好的平面图向下投影的方法，剖面的起点要一致，每条导线的起、终点都按照图纸的竖线向下投好位置。岩层的分层界线点，由平面图上相应的点直接投影到地形线上，根据岩层的产状及规定的岩性花纹符号画出岩层层面线，在下方标出一定数量的产状要素及地层时代。剖面图的上方标明方位，明显的地物要标注清楚，写好图名及比例尺（如图3.1.6）。

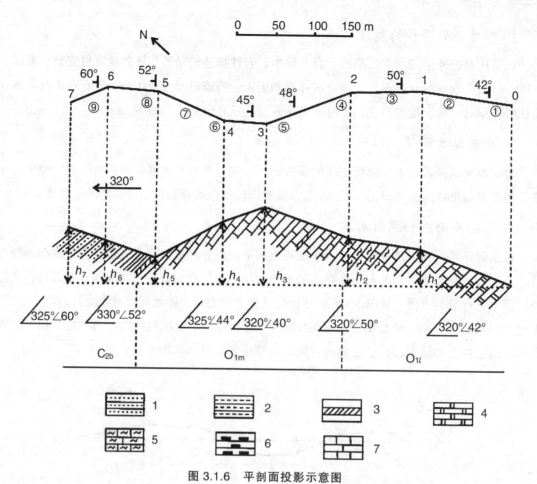

图 3.1.6 平剖面投影示意图

1—砂岩；2—页岩；3—煤层；4—白云岩；5—条带灰岩；6—质岩；7—灰岩

（四）编写剖面说明书

实测剖面的成果整理还包括编写剖面说明书，以备利用剖面资料的人员阅读剖面图时参考。剖面说明书大体应包括以下内容：

（1）剖面测量的日期，所用时间；剖面线的位置，起点、终点的坐标；剖面的方位和总长度、剖面上的露头情况；剖面上所见地层时代、岩体及构造发育的总的特征；剖面线上的地形地貌特征；实测剖面中的工作手段，如地质观察，物、化探方法，放射性测量，等等；剖面上取样工作量的统计，如采集岩石标本数量、各种取样规格数量等；室内整理剖面的方法及需要说明的其他事项。

（2）地层的研究情况，包括所测剖面内地层时代的划分，化石依据；可将野外分层进行归纳整理，划分不同的岩性段，分析地层发育的韵律关系；各岩性段的岩性特征、顶底标志；各岩性段或各时代地层间的接触关系及其依据。这一部分是剖面说明书的主体部分，要详细加以说明，有时要按层列剖面以说明各层及各段岩性的演化规律。

（五）编制地层综合柱状图

在正式地质图上往往附有工作地区的地层综合柱状图，它可以直接地反映该区的地层时代、岩性发育特征、接触关系、岩浆活动、矿产层位、古生物化石等情况。地层综合柱状图是在分析了整个图幅内的所有实测剖面的基础上编制的，有的还要参考邻区的资料。地层综合柱状图的比例尺一般大于地质图，如 1∶50 000 万地质图可附 1∶10 000 或 1∶5 000 比例的地层综合柱状图。

（六）舟溪实习区地质剖面图

利用 1∶50 000 地形图和地质图，结合前期野外调查工作，选取 2 条穿越岩溶区和非岩溶区的剖面线 $A—A'$ 和 $B—B'$，如图 3.1.2 所示。根据野外调查数据和地形地质图相叠合，绘制出的地质剖面图如图 3.1.7 $A—A'$ 剖面和图 3.1.8 $B—B'$ 剖面。

通过实测，剖面 $A—A'$ 的方位为 NE120°，从 A 点至 A' 点依次出现的地层为泥盆系蟒山组（D_{2m}），二叠系的栖霞组（P_1q）、茅口组（P_1m）和梁山组（P_1l），寒武系乌训组（$\epsilon_{1-2}w$）和清水江组（Pt_3xjq）（见图 3.1.7）。各地层的产状和岩性特征描述如表 3.1.1。

表 3.1.1　剖面 $A—A'$ 露头地层的产状和岩性描述

序号	岩组地层	产状		岩 性 描 述
		倾向/(°)	倾角/(°)	
1	蟒山组（D_{2m}）	94	30	岩性以石英砂岩为主，夹少量泥页岩，含砾砂岩及砂质白云岩
2	栖霞-茅口组（P_1q+m）	229	15	为浅海相硅质碳酸盐岩沉积，以暗蓝灰色层状灰岩为主，含不规则的燧石结核。或以浅灰色、灰白色块状纯灰岩为主
3	第四系（Q）	—	—	砾石、粗砂和黏粒第四纪河流沉积物组成
4	蟒山组（D_{2m}）	217	9	岩性以石英砂岩为主，夹少量泥页岩，含砾砂岩及砂质白云岩
5	梁山组（P_1l）	217	9	岩性以石英砂岩和黑色含铁质页岩为主，夹黏土岩及煤层
6	栖霞-茅口组（P_1q+m）	217	9	为浅海相硅质碳酸盐岩沉积，以暗蓝灰色层状灰岩为主，含不规则的燧石结核。或以浅灰色、灰白色块状纯灰岩为主
7	蟒山组（D_{2m}）	146	87	岩性以石英砂岩为主，夹少量泥页岩，含砾砂岩及砂质白云岩
8	乌训组（$\epsilon_{1-2}w$）	280	30	岩性为灰、灰绿、黄、青灰色粉砂质页岩、钙质页岩，中上部夹有一层深灰、灰色薄—中层纹层状粉—泥晶灰岩，顶为深灰色中层纹层状泥岩，粉晶灰岩
9	清水江组（Pt_3xjq）	204	35	主要岩性为浅灰、灰绿及深灰色变余凝灰岩、变余沉凝灰岩、变余砂岩、粉砂岩及板岩等。以含较多凝灰质为其特征，砂岩中有时含黏土质砾石

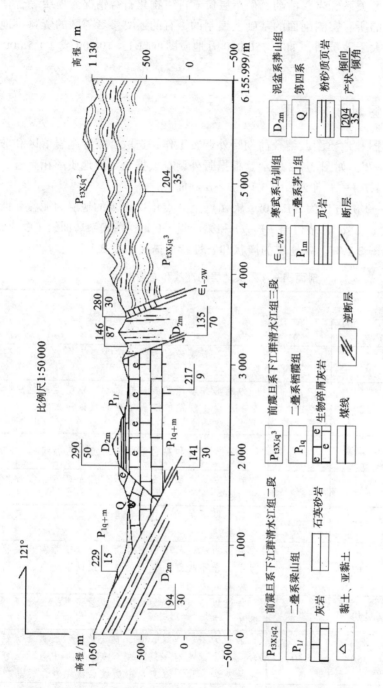

图 3.1.7　地质剖面 A—A'

| 前震旦系下江群清水江组二段 P_{t3Xjq2} | 前震旦系下江群清水江组三段 P_{t3Xjq3} | 寒武系乌训组 $\in_{1-2w}$ | 泥盆系莽山组 D_{2m} |

| 二叠系梁山组 P_{1l} | 二叠系栖霞组 P_{1q} | 二叠系茅口组 P_{1m} | 第四系 Q |

| 灰岩 | 生物碎屑灰岩 $\frac{e\ |\ e}{e\ |\ e}$ | 页岩 | 粉砂质页岩 |

| 石英砂岩 | 煤线 | 断层 | 产状 倾向 倾角 $\frac{\cancel{1204}}{35}$ |

| 黏土、亚黏土 | 逆断层 | | |

剖面 $B—B'$ 的方位为 NE103°，从 B 点至 B' 点依次出现的地层为寒武系娄山关组（$€ol$）、奥陶系（O）桐梓组（O_1t）、鸿花园组（O_1h）和大湾组（O_1d），泥盆系蟒山组（D_2m）、二叠系的栖霞组（P_1q）、茅口组（P_1m）和梁山组（P_1l），寒武系乌训组（$€_{1-2}w$）和清水江组（Pt_3xjq）（见图 3.1.8）。各地层的产状和岩性特征描述如下表 3.1.2。

表 3.1.2 剖面 *B—B′* 露头地层的产状和岩性描述

序号	岩组地层	产状		岩性描述
		倾向/(°)	倾角/(°)	
1	娄山关组（$€ol$）	150	41	套灰、浅灰色薄层—块状微—细晶白云岩、泥质白云岩夹角砾状白云岩，局部含燧石团块
2	桐梓组（O_1t）	150	41	灰—深灰色中至厚层夹薄层微—细晶白云岩和细—粗晶生物屑灰岩，夹砾屑、鲕豆粒白云岩，常含燧石团块或结核，顶及下部夹灰、灰绿色页岩
3	红花园组（O_1h）	150	41	岩性主要以深灰色厚层灰岩、生物碎屑灰岩夹页岩，产朝鲜角石、满洲角石、海绵、蛇卷螺等
4	大湾组（O_1d）	150	41	岩性有青灰色瘤状石灰岩夹黄绿色页岩，产扬子贝，中部红色薄层石灰岩富含头足类化石，上部灰绿色页岩夹瘤状灰岩
5	乌训组（$€_{1-2}w$）	150	41	岩性为灰、灰绿、黄、青灰色粉砂质页岩、钙质页岩，中上部夹有一层深灰、灰色薄—中层纹层状粉—泥晶灰岩，顶为深灰色中层纹层状泥岩，粉晶灰岩
6	梁山组（P_1l）	150	41	岩性以石英砂岩和黑色含铁质页岩为主，夹黏土岩及煤层
7	栖霞-茅口组（P_1q+m）	150	41	为浅海相硅质碳酸盐岩沉积，以暗蓝灰色层状灰岩为主，含不规则的燧石结核。或以浅灰色、灰白色块状纯灰岩为主
8	合山组一段（P_2h^1）	141	30	由黑色砂质页岩夹灰白色、灰绿色页岩及砂岩
9	合山组二段（P_2h^2）	240	20	由灰色、灰黄色、灰绿色硅质页岩及砂岩
10	第四系（Q）	—	—	砾石、粗砂和黏粒第四纪河流沉积物组成
11	合山组二段（P_2h^2）	175	40	由灰色、灰黄色、灰绿色硅质页岩及砂岩
12	蟒山组（D_2m）	146	78	岩性以石英砂岩为主，夹少量泥页岩、含砾砂岩及砂质白云岩
13	乌训组（$€_{1-2}w$）	280	30	岩性为灰、灰绿、黄、青灰色粉砂质页岩、钙质页岩，中上部夹有一层深灰、灰色薄—中层纹层状粉—泥晶灰岩，顶为深灰色中层纹层状泥岩，粉晶灰岩
14	清水江组（Q_bq）	216	31	为浅灰、灰绿及深灰色变余凝灰岩、变余沉凝灰岩、变余砂岩、变余粉砂岩及绢云母板岩等
15	清水江组（Pt_3xjq）	204	35	主要岩性为浅灰、灰绿及深灰色变余凝灰岩、变余沉凝灰岩、变余砂岩、粉砂岩及板岩等。以含较多凝灰质为其特征，砂岩中有时含黏土质砾石

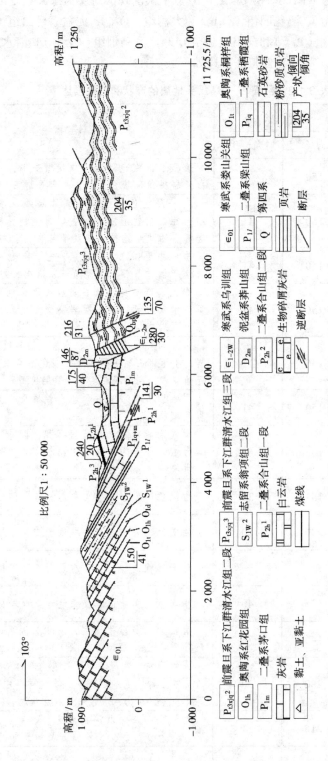

图 3.1.8 地质剖面 B—B'

第二节 舟溪岩溶与非岩溶区水文、地貌差异

一、舟溪地貌差异

（一）地貌的概念

地貌或称地形，指地球硬表面有地貌内外力相互作用塑造而成的多种多样的外貌或形态（伍光和等，2002）[45]。地貌动力亦称营力，有内动力和外动力之分。前者指地球内能所产生的作用力，主要表现为地壳运动、岩浆活动与地震。后者则指太阳辐射能通过大气、水和生物作用并以风化作用、流水作用和风力作用等形式表现的力。气候对区域外力及其组合具有决定性影响，因此，湿润区流水作用旺盛，干旱区风力作用强大，热带亚热带碳酸盐岩区岩溶作用普遍。

（二）地貌的成因

构造运动造成地球表面的巨大起伏，因而成为形成地表宏观地貌特征的决定性因素[45]。陆地上的大山系、大高原、大盆地和大平原的形成都具有构造运动的背景。岩石是地貌的物质基础，各种岩石因其矿物成分、硬度、胶结程度、水理性质、结构与产状不同，抗风化和抗外力剥蚀的能力常表现出很大差别，形成的地貌类型或地貌轮廓往往很不同。坚硬和胶结良好的岩石如石英岩、石英砂岩、砾岩常形成山岭和峭壁，松软岩石如泥灰岩、页岩常形成低丘、缓岗，柱状节理发育的玄武岩易形成陡崖与柱石，垂直节理发育的花岗岩易形成陡峻山峰，片岩分布区多发育鳞片状地貌，湿热气候下的碳酸盐岩易遭溶蚀而形成岩溶地貌，黄土与黄土状岩石干燥时稳定性强，遇水即蚀并发生湿陷。软硬相间分布的岩石在水平方向上常导致河谷盆地与峡谷相间分布，在垂直方向上形成陡缓更替的阶状山坡。

大多数的地貌外动力都受到气候因素的控制[45]。气候水热组合状况不同导致外动力性质、强度和组合状况发生差异，最终将形成不同的地貌类型及地貌组合。温湿气候条件下地表径流丰富，流水作用成为主导外动力，各种流水地貌类型普遍发育。湿热气候条件下，流水作用虽然居主导外动力地位，但同时化学风化强烈，红色风化壳普遍较厚，植被有效地减弱了流水侵蚀力，平原、缓丘、穹状或钟状基岩岛山成为最为常见的地貌类型。总之，地质构造、岩性与气候因素导致某些特殊地貌如岩溶地貌的发育。

地表岩石与矿物在太阳辐射、大气、水和生物参与下，理化性质发生变化、颗粒细化、矿物成分改变，从而形成新物质的过程，称为风化过程或风化作用。风化是剥蚀的先驱，对地貌的形成、发展与地表夷平起着促进和推动作用[45]。风化作用分为物理风化、化学风化和生物风化。物理风化也称机械风化或崩解，是岩石有整体破裂为碎屑，裂隙、空隙和比表面

积增加，物理性质发生明显变化而化学性质不变的过程。岩石在经过构造变动或上覆岩石被剥蚀而露出地表时，（1）负荷或应力发生变化，裂隙、节理扩大，（2）太阳辐射憎恶与昼夜温差造成岩石热胀冷缩，（3）岩石表面干湿变化以及水的相态变化造成岩石胀裂或劈裂，（4）裂隙中的盐类发生结晶，（5）植物根系对岩石的挤压和穿透，动物挖掘洞穴，等等，都可以对地表岩石造成机械破坏，使之层层剥离。

化学风化是岩石在大气、水和生物作用下发生分解进而形成化学组成与性质不同的新物种过程。岩石中的矿物从生成环境转入地表时将失去稳定性，沿裂隙、节理发生水化、水解、溶解和氧化作用。水解作用的实质是岩石矿物吸收水分后转变为含水矿物，体积膨胀、硬度降低、抵抗能力削弱并对周围岩石产生压力。溶解作用是岩石中的无机矿物不同程度溶解于水中并带走、难容物质残留原地、岩石孔隙度增加、强度降低的过程。氧化作用是矿物被大气游离、水体溶解氧氧化，形成高价化合物的过程。化学风化使原有岩石矿物破坏，部分活泼元素分离并流失，较稳定者形成新的黏土矿物。而化学风化的强度取决于温度、湿度和水溶液的 pH 值，气候炎热潮湿及水溶液呈酸性等条件有利于化学风化。而生物不仅参与岩石的物理风化，在化学风化中也起着重要作用。例如：植物光合作用产生 O_2，动物呼吸作用产生 CO_2，为化学提供了反应剂；植物根系的分泌与呼吸作用可促进矿物分解与元素迁移，生物残体分解过程中形成的可溶性化合物可促进化学风化；微生物参与矿物元素的氧化、还原和淋漓，均对化学风化有促进作用。

（三）舟溪地貌类型

大陆和海洋盆地是最高级的地貌类型，大山地和大平原属于第二级地貌类型，山地可以分为山岭、谷地和山间盆地。高级地貌类型都具有构造成因，低级地貌类型则多由外动力作用形成[45]。巨大的正地貌是构造隆升与外力剥蚀的结果，范围广大的负地貌则是构造沉降与外力堆积的产物。

山地是山岭、山间谷地和山间盆地的总称，是地壳上升背景下由外力切割而成。山岭的形态要素包括山顶、山坡和山麓。山顶狭长带状延伸时称为山脊。山顶按形态特征可分为尖顶山、圆顶山和平顶山三类。山坡可分为直形坡、凹形坡和阶状坡。谷地包括河床、河漫滩和阶地等次级地貌类型[45]。根据绝对高度，山地可以分为极高山（海拔 > 5 000 m）、高山（3 500～5 000 m）、中山（1 000～3 500 m）和低山（500～1 000 m）四类[45]。临界值的确定，主要以外动力变化为依据，5 000 m 以上是青藏高原东部现代冰川和雪线分布的高度，地貌外动力以冰川冰缘作用为主，3 500～5 000 m 冰缘作用强烈，其下限相当于西北各山地的森林上限，1 000～3 500 m 的低山流水作用强烈，1 000 m 以下的低山不仅流水侵蚀作用强，化学风化作用的极盛，风化壳较厚。

舟溪实习区最高海拔 1 350 m，最低海拔 640 m，大部分区域都在 700～1 000 m 海拔范围，相对高差在 200～300 m。根据《中国地貌区划》的山地分级标准，舟溪地貌类型属于低山，而且在舟溪南面有一片比较宽敞的山小间盆地（或为坝地）。本区域属中亚热带湿润季风气候,年均气温 13.6 ~ 16.2 ℃,年均日照 1 255 h,年均降水量 1 140 ~ 1 290 mm,无霜期 282 d。在这样的水热条件下，流水侵蚀作用和化学风化作用强烈。因此，演化成该区域目前的低山地貌类型。

（四）舟溪岩溶与非岩溶地貌差异

贵州区域内的岩溶与非岩溶过渡带（界线），即扬子准地台（岩溶区）与华南褶皱带（非岩溶区）过渡带的保靖—铜仁—玉屏—凯里—三都深大断裂带，穿过舟溪实习区(见图 3.1.1)，即龙井街断层。因此，区内岩溶地貌与非岩溶地貌较为发育，而且具有明显对比。根据实习区内地质状况可以看出，断层线的西北面地层岩性为碳酸盐岩分布区，而东南区域的地层岩性为非碳酸盐岩分布区，两边的地貌形态有非常明显的差别（如图 3.2.1）。

图 3.2.1 是用 GIS 软件将地形图上的等高线数字化，生成 TIN 模型。其具有很好的三维立体效果，对岩溶与非岩溶宏观地貌一目了然。

1. 山体形态差异

从图 3.2.1 看出，西北部的岩溶区，山体独立而为圆顶或椭圆顶，而东南部的非岩溶区山体都连绵成脉，山顶尖而沿着脉走。在岩溶和非岩溶区各选择一个山体单元，分别做 2 条交叉剖面进行对比解析，如图 3.2.2。岩溶区的山顶比较钝，山腰坡度比较小，山麓比较缓和，山顶到山麓的相对高差较小（335 m）（如图 3.2.2a、b），而非岩溶区的山顶非常尖锐，山腰的坡度较大，山麓地带直切谷底，山顶到山麓的高差较大（431 m）（如图 3.2.2c、d）。

2. 高度差异

高度差异分为绝对高度和相对高度,绝对高度是指海拔高度。在舟溪的 1：5 万地形图上，分别选取岩溶区和非岩溶区面积为 25 km^2 的区域进行对比分析（如图 3.2.3），岩溶和非岩溶样区的 TIN 模型效果如图 3.2.4。首先利用 GIS 软件将 TIN 模型转换为 5 m×5 m 栅格数据，再利用 GIS 的地图查询功能，以海拔 20 m 为基本单位，分别查询岩溶区（海拔范围 620 ~ 1 340 m）和非岩溶区（海拔范围 710 ~ 1 450 m）各海拔范围在区域内的平面分布情况（如图 3.2.5）。

通过统计，求得岩溶区的平均海拔约为 840 m，而非岩溶区的平均海拔为 1 046 m。非岩溶区的平均海拔比岩溶区高 200 m 左右。根据图 3.2.5 结果显示，岩溶区的最低海拔值和最高海拔值均比非岩溶区小 100 m 左右。在岩溶样区，低海拔区域占广大的面积，而高海拔的面积比例很小，说明岩溶区比较高的山体很少。在非岩溶样区，各海拔高度在空间上的分布情况则与岩溶区不同，低海拔和高海拔区域所占面积均比较小，而中海拔区域分布面积比较广，说明山麓或河谷比较狭窄。

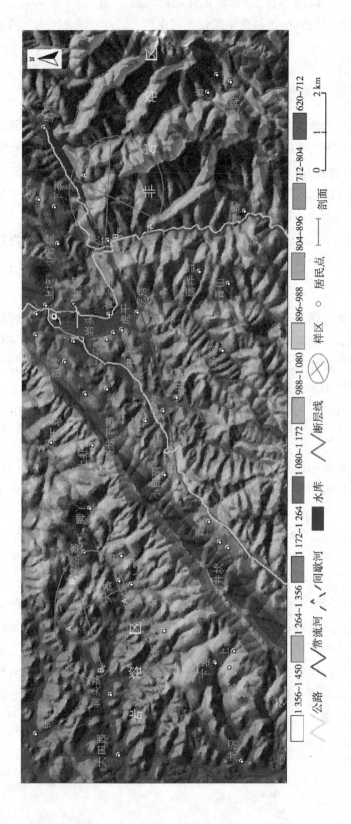

图 3.2.1 舟溪实习区三维地貌及正地貌（山体）剖面样区

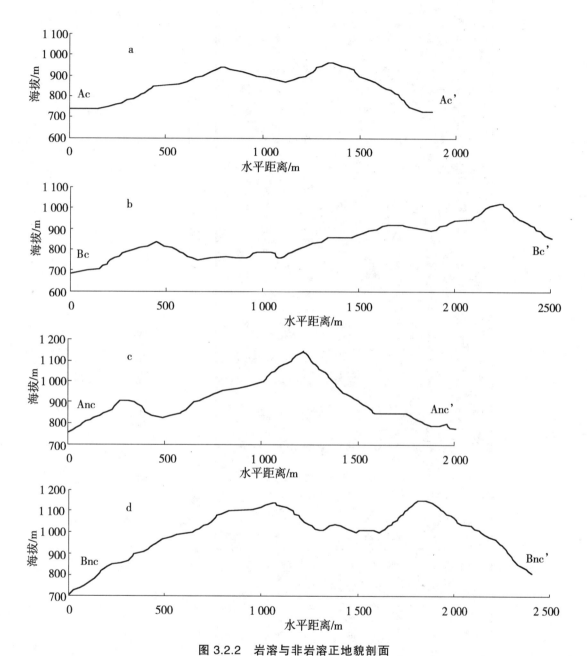

图 3.2.2　岩溶与非岩溶正地貌剖面

a 和 b 为岩溶区山体剖面，c 和 d 为非岩溶区山体剖面

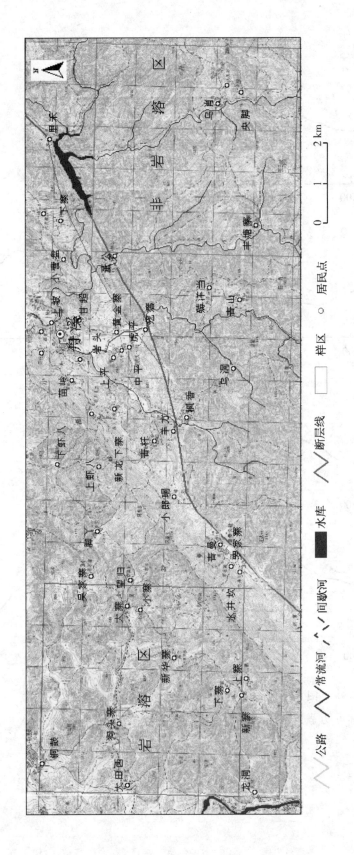

公路 　常流河 　间歇河 　水库 　断层线 　样区 　○ 居民点

图 3.2.3　岩溶与非岩溶样区

非岩溶区

岩溶区

0　1　2 km

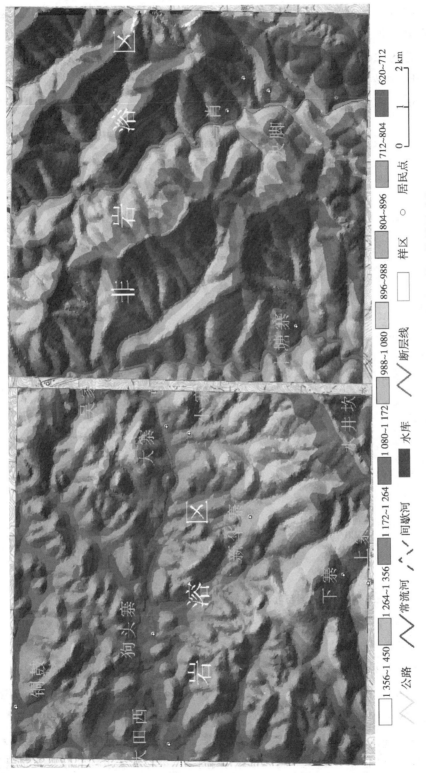

图 3.2.4 岩溶和非岩溶样区（5 km×5 km）的三维立体模型对比

相对高度是指山顶到区域内比较低的平原或盆地的海拔高差。岩溶区山体比较孤立（如图 3.2.4、3.2.5），经统计，岩溶样区（5×5 km²）内有 110 个大小的山顶，这些山顶海拔与附近山间盆地（舟溪坝地）的海拔（670 m）进行比较，计算结果显示，岩溶区的平均相对高差为 264.67 m。而非岩溶区山体连绵在一起形成脉状分布（如图 3.2.4、3.2.5），经统计，非岩溶样区（5×5 km²）内只有 54 个山顶，与舟溪坝地的相对高差平均值为 556.2 m。

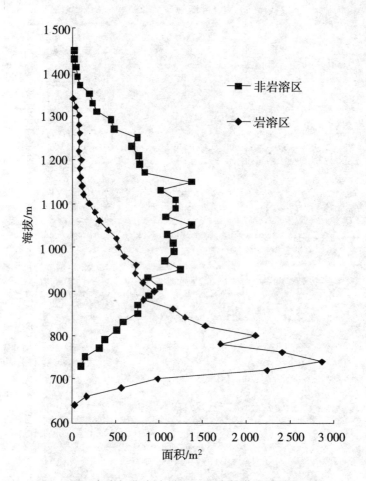

图 3.2.5　岩溶与非岩溶样区不同海拔范围的面积分布

3. 地形坡度差异

通过 GIS 软件，将岩溶和非岩溶样区的 TIN 模型转换为坡度分布图（如图 3.2.6）。然后以 10° 为单位，分别查询岩溶和非岩溶区 0°～90 之间的面积分布，结果如表 3.2.1 和图 3.2.9。图 3.2.7 和图 3.2.8 分别为岩溶和非岩溶样区的地貌三维模型与坡度分布对比图。

从表 3.2.1 统计的结果发现，在 0°～10° 的范围内，岩溶区分布面积比非岩溶区大 1 倍，此结果在图 3.2.6 上也非常明显。在 10°～20° 范围内，岩溶与非岩溶样区分布的面积非常少，非岩溶样区甚至接近 0。而 20°～30°范围内，岩溶样区分布接近 3%，而非岩溶样区几乎没有面积分布。在 30°～40°范围内，非岩溶样区接近 6 个百分点，而非岩溶样区分布不到 1 个百分点。在 40°～50°范围内，岩溶样区为 11 个百分点，而非岩溶样区只有近 4 个百分点。在岩溶样区，50°～80°是主要的坡度分布范围，而非岩溶样区，50°～60°范围内分布面积已经达到近 16 个百分点，但它的主要坡度分布范围是在 60°～80°，将近 7 成。而在 80°～90°范围内，岩溶样区与非岩溶样区分布面积也非常少。

表 3.2.1 岩溶和非岩溶样区（5 km×5 km）不同坡度范围的面积统计

序号	坡度范围/（°）	岩溶样区		非岩溶样区		备 注
		面积分布/m²	比例/%	面积分布/m²	比例/%	
1	0～10	3 003 430	12.01	1 412 281	5.65	
2	10～20	131 798	0.53	0	0.00	
3	20～30	695 247	2.78	23 590	0.09	
4	30～40	1 446 350	5.79	145 546	0.58	
5	40～50	2 830 475	11.32	970 748	3.88	
6	50～60	5 804 508	23.22	3 995 157	15.98	
7	60～70	5 683 488	22.73	9 588 200	38.35	
8	70～80	4 762 371	19.05	7 685 871	30.74	
9	80～90	642 332	2.57	1 178 607	4.71	
	总计	25 000 000	100.0	25 000 000	100.0	

从图表 3.2.1 和图 3.2.7 的统计分析结果中发现，坡度在岩溶与非岩溶区的分布有一个共同的规律，低坡度（0°～10°）分布有一定的面积，其主要分布在河谷地带（见图 3.2.6）。10°～20°几乎没有面积分布，之后，随着坡度的逐渐增大，分布面积也逐渐增加，大约到70°～80°分布面积达到极值，而 80°～90°的面积分布则比较少。中低坡度范围（10°～40°）的分布面积非常少，岩溶样区和非岩溶样区分别只有 9.1% 和 4.56%，而中高坡度（40°～80°）则是两区域主要分布面积的坡度范围，分别为 76.3% 和 85.1%。说明实习区的地形地貌均较为陡峻。

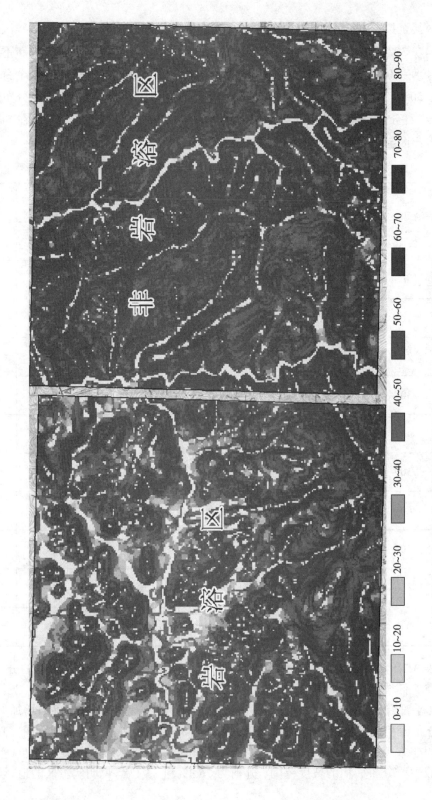

图 3.2.6 岩溶和非岩溶样区（5 km×5 km）的坡度分布对比

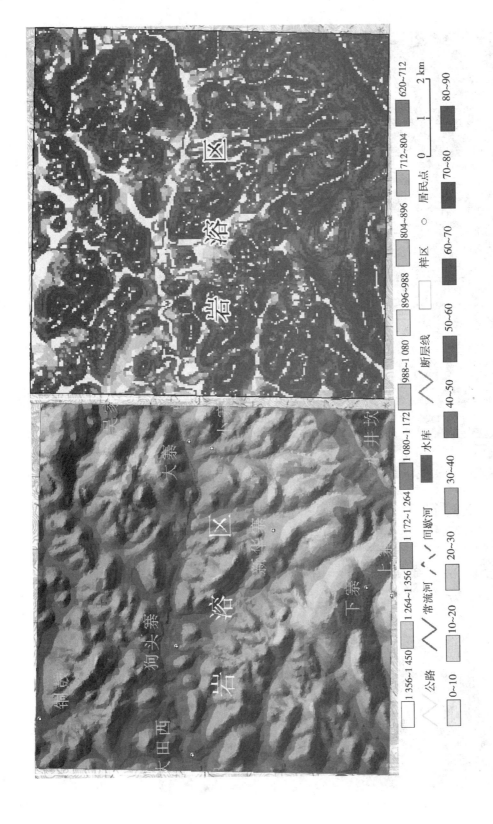

图 3.2.7 岩溶样区（5 km × 5 km）地貌三维模型与坡度分布对比

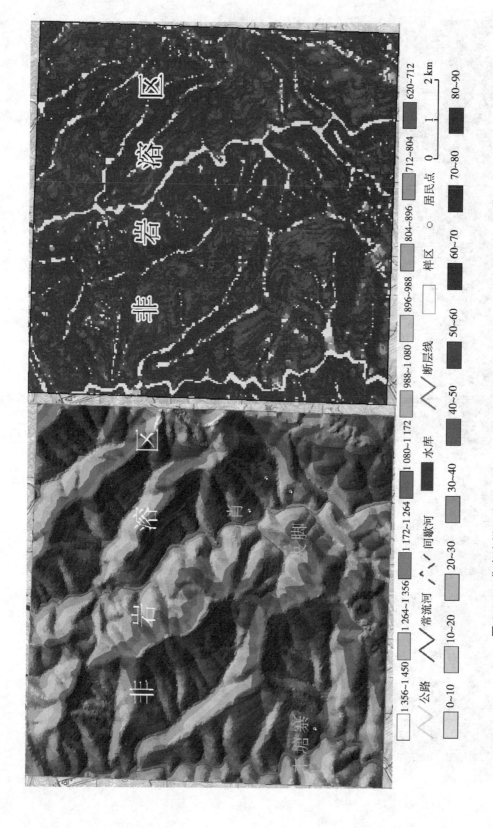

图 3.2.8 非岩溶样区（5 km×5 km）地貌三维模型与坡度分布对比

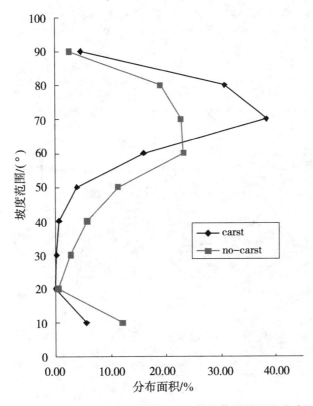

图 3.2.9　岩溶与非岩溶样区不同海拔范围的面积分布

　　岩溶样区和非岩溶样区坡度分布差异在于，岩溶区在低坡度（0°～10°）范围的分布面积比非岩溶区大1倍，说明岩溶区的山麓、河谷地带比非岩溶区有更多缓坡和平地。中低坡度范围（10°～40°），岩溶区也比非岩溶区有更多的面积分布，说明岩溶区的地势比非岩溶区较为平缓。而在中高坡度范围（40°～80°）非岩溶区比岩溶区分布面积大，说明非岩溶区的地势更为陡峻。

4. 坡向差异

　　利用 GIS 软件，将岩溶和非岩溶样区的 TIN 模型转换为坡向分布图（如图 3.2.10），将 0°～360°分为北（337.5°～360°，0°～22.5°）、东北（22.5°～67.5°）、东（67.5°～112.5°）、东南（112.5°～157.5°）、南（157.5°～202.5°）、西南（202.5°～247.5°）、西（247.5°～292.5°）和西北（292.5°～337.5°）8 个方位，以及无坡向（即坡向值≤0°的值）。并分别查询岩溶和非岩溶区各个坡向范围的面积分布，统计结果如表 3.2.2 和图 3.2.13。而图 3.2.11 和图 3.2.12 分别为岩溶与非岩溶样区地貌三维模型与坡向分布对比图。

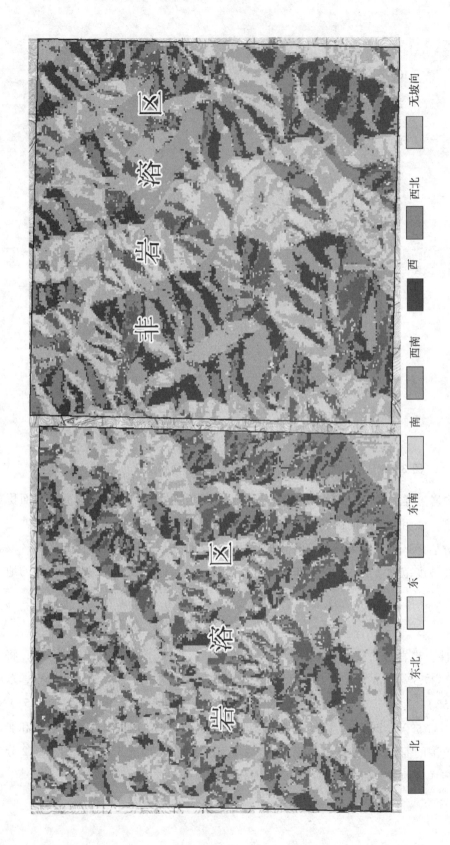

图 3.2.10 岩溶和非岩溶样区（5 km×5 km）的坡向分布对比

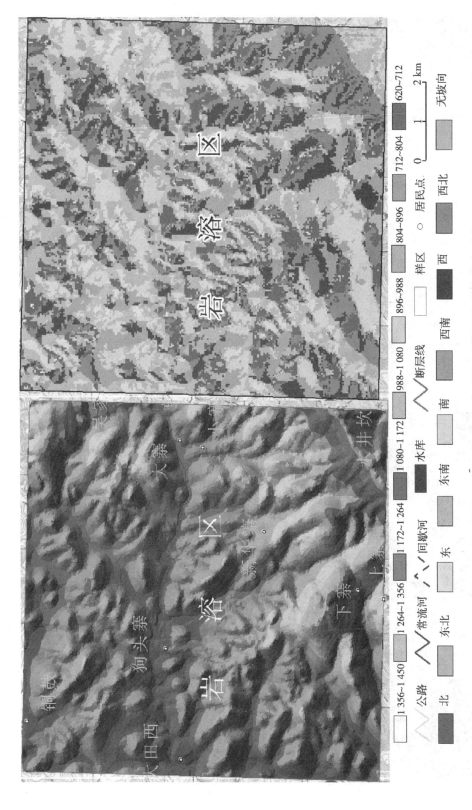

图 3.2.11 岩溶样区（5 km×5 km）地貌三维模型与坡向分布对比

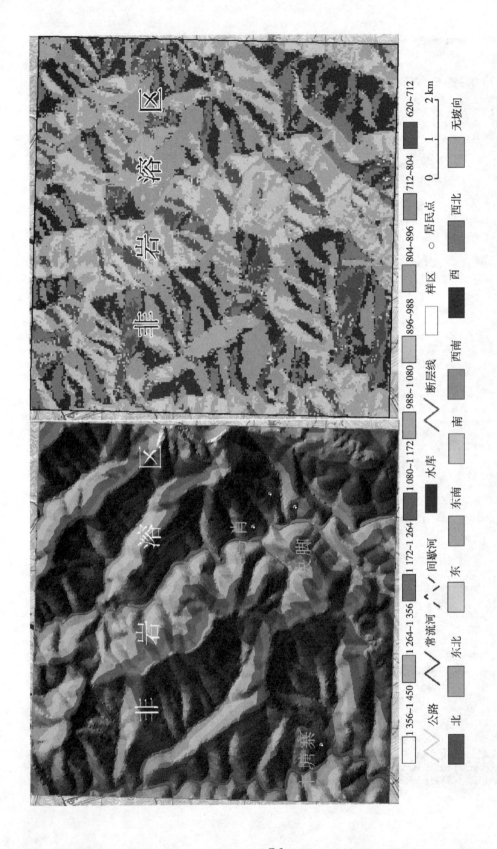

图 3.2.12　非岩溶样区（5 km×5 km）地貌三维模型与坡向分布对比

从图 3.2.10 中可以发现，岩溶和非岩溶样区的坡向在区内的空间分布各自均具有一定的规律性。在岩溶区，由于山体为圆顶或椭圆顶，所以每个坡位的倾斜方向都比较均匀（表 3.2.2 和图 3.2.13），而且比较破碎（图 3.2.11）。区内以河流为分界线，南部坡向以西北—东南的方向呈现，北部则有东北—西南方向的分布特征（图 3.2.11）。总的来看，岩溶区在北（337.5°~360°，0°~22.5°）、西北（292.5°~337.5°）和西（247.5°~292.5°）三个坡向上有更大的分布面积（40.79%）（见图 3.2.13A）。而在非岩溶区，由于受到地质构造和河流切割控制，坡向大致呈平行于山脊和河谷延伸方向分布，主要呈西北—东南方向延伸，并呈大连片分布（图 3.2.12）。总的来看，非岩溶区在西南（202.5°~247.5°）、西（247.5°~292.5°）和西北（292.5°~337.5°）三个坡向有近一半以上的分布面积（49%）（图 3.2.13B）。

在无坡向（≤0°）范围，岩溶区比非岩溶区有更大分布面积比例（表 3.2.2），说明岩溶区比非岩溶区有更多的平地，此结果与坡度的结果一致。另外，岩溶区和非岩溶区的坡向分布有一个共同的特点，东（67.5°~112.5°）、东南（112.5°~157.5°）和南（157.5°~202.5°）坡向的分布面积均比较小，分别为 24.55% 和 23.70%。

表 3.2.2 岩溶和非岩溶样区（5 km×5 km）不同坡向范围的面积统计

序号	方位	坡向范围/(°)	岩溶样区		非岩溶样区	
			面积分布/m²	比例/%	面积分布/m²	比例/%
1	北	337.5~360, 0~22.5	3 618 345	14.47	2 677 568	10.71
2	东北	22.5~67.5	2 990 522	11.96	2 734 633	10.94
3	东	67.5~112.5	1 764 328	7.06	1 914 332	7.66
4	东南	112.5~157.5	1 451 979	5.81	1 686 966	6.75
5	南	157.5~202.5	2 920 467	11.68	2 322 699	9.29
6	西南	202.5~247.5	2 939 654	11.76	5 025 233	20.10
7	西	247.5~292.5	3 038 713	12.15	4 350 714	17.40
8	西北	292.5~337.5	3 539 811	14.16	2 874 619	11.50
9	无坡向	≤0	2 736 181	10.94	1 178 607	5.65
总　计			25 000 000	100.0	25 000 000	100.0

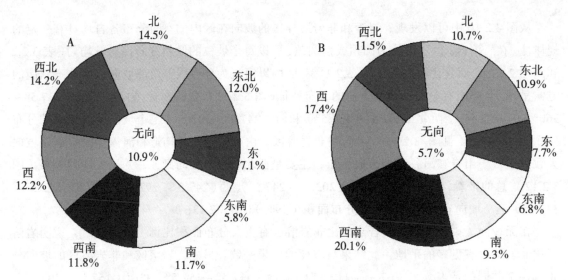

图 3.2.13　岩溶与非岩溶样区（5 km × 5 km）各坡向分布面积对比

A 为岩溶样区统计结果，B 为非岩溶样区统计结果

（五）舟溪岩溶与非岩溶地貌差异成因分析

岩溶区与非岩溶区的地貌差异，主要是由于地层不同，地质岩性存在差异，其所经历的地质构造不同，这样地貌在形成和演化过程中，其发育方向就存在差异，决定着不同的地貌景观。

1. 岩溶区的风化作用过程

在岩溶区风化作用主要以化学风化为主，物理侵蚀为辅。岩溶区主要的岩石有碳酸钙（$CaCO_3$）为主的石灰岩和主要成分为碳酸钙和碳酸镁（$MgCO_3$）的白云岩、硬石膏（硫酸钙 $CaSO_4$）、石膏（$CaSO_4 \cdot 2H_2O$）、芒硝（$Na_2SO_4 \cdot 10H_2O$）和钙芒硝（$CaSO_4 \cdot Na_2SO_4$）、岩盐（$NaCl$）和钾盐（KCl）等。其中，硫酸盐岩类和卤化物岩类可以被水直接溶解掉，而碳酸盐岩被水溶解或溶蚀，必须借助于二氧化碳及其他酸类起溶剂作用[1]。

地质构造运动可以影响气候的变化，气候因素影响可溶岩的风化及其岩性，更影响水的性质及水量，以及二氧化碳等溶剂的生成条件。地质构造和气候因素又都综合影响了水对可溶岩的溶蚀能力。大气降水、地表水和地下水，只要对某种可溶岩没有呈过饱和溶解状态的都可继续对其产生溶解或溶蚀作用。溶解作用通常属于水对可溶岩的化学溶解过程，溶蚀作用就是在地质作用的基础上，水对可溶岩产生的溶解过程[1]。

CO_2 溶解在水中形成碳酸，碳酸在水中离解，从而使水溶液对碳酸盐产生溶蚀作用。含 CO_2 的水溶液溶解石灰岩（$CaCO_3$）的化学反应式为：

$$CaCO_3 + CO_2 + H_2O \xrightarrow{\text{溶解}} CaCO_3 + H_2CO_3 \qquad (3.2.1)$$

$$CaCO_3 + CO_2 + H_2O \longrightarrow Ca^{2+} + 2\ HCO_3^- \qquad (3.2.2)$$

同理，含 CO_2 的水溶液溶解白云岩[$CaMg(CO_3)_2$]的化学反应式为：

$$CaMg(CO_3)_2 \longrightarrow Ca^{2+} + Mg^{2+} + 2CO_3^{2-} \qquad (3.2.3)$$

$$CaMg(CO_3)_2 + 2CO_2 + 2H_2O \xrightarrow{\text{溶解}} Ca^{2+} + Mg^{2+} + 4HCO_3^- \qquad (3.2.4)$$

热带、亚热带地区雨量大、气温高，易使碳酸盐岩和非碳酸盐岩产生风化作用。虽然碳酸盐岩抗风化能力比碎屑岩（如砂岩、页岩）强，但是由于表层风化及构造破碎带的破坏，会有利于作为水流通道的裂隙、孔隙扩大，从而加大渗透水流量，加大溶蚀及侵蚀作用。

降水量的大小，相应引起的溶蚀量也有大有小。在地下，除了溶蚀之外，地下渗流的水量越大，相应产生的机械潜蚀作用也越明显，所以有利于发育大的洞穴系统。根据相关研究成果表明，年降水量越大，年溶蚀速率也越大，如：河北怀来县年降水量只有 400 ~ 600 mm，年溶蚀速率只有 0.02 ~ 0.03 mm；而广西中部年降水量达 1 500 ~ 2 000 mm，年溶蚀速率达 0.12 ~ 0.3 mm。据此推算，凯里的年均降水量为 1 140 ~ 1 290 mm，年溶蚀率大约为 0.1。

气温可以影响可溶岩的风化速度及水的溶蚀能力。碳酸盐岩中有的含有黄铁矿（FeS_2），在多雨、高温情况下，易氧化而生成硫酸，从而增强水溶蚀碳酸盐岩的能力；相应产生的石膏沉积仍可被水溶蚀，并释放出二氧化碳，再次对碳酸盐岩产生溶蚀作用。其化学反应式如下：

$$FeS_2(\text{黄铁矿}) + O_2 + H_2O \longrightarrow H_2SO_4 + Fe(OH)_3 \qquad (3.2.5)$$

$$H_2SO_4 + CaCO_3 \longrightarrow CaSO_4（\text{硬石膏}） + H_2O + CO_2 \uparrow \qquad (3.2.6)$$

$$CaSO_4 + 2H_2O \longrightarrow CaSO_4 \cdot 2H_2O（\text{石膏}） \qquad (3.2.7)$$

$$H_2O + CO_2 \longrightarrow H_2CO_3（\text{碳酸}） \qquad (3.2.8)$$

$$H_2CO_3 + CaCO_3 \xrightarrow{\text{溶解}} Ca^{2+} + CO_3^{2-} + 2H^+ + CO_3^{2-} \qquad (3.2.9)$$

$$Ca^{2+} + 2HCO_3^-$$

温度也影响生物作用及侵蚀性酸类的形成。热带、亚热带地区，由于气温高有利于生物分解碳水化合物等有机质，使水可得到更多二氧化碳及其他酸类的补充，所以生物作用对岩溶发育起重要的作用。生物作用可使土壤中二氧化碳含量比大气中要大几十倍乃至千倍，所以在土壤覆盖的情况下，生物对岩溶强烈发育起着非常重要的作用。生物作用生成的碳酸及有机酸占很大的比重；在对碳酸盐岩具有侵蚀性的各种酸类的总量中，碳酸和有机酸可占 79% ~ 93%[1]。

舟溪属于亚热带地区，年均气温 13.6 ~ 16.2 ℃，年均降水量为 1 140 ~ 1 290 mm，在这湿热气候下，碳酸盐岩易遭溶蚀而形成溶蚀地貌。除了上述化学风化作用对岩溶区的地貌演化起到决定性的作用外，降雨过程对地表的物理机械改造也有一定的影响。例如，地表径流对岩溶区的水土搬运而流失的过程等。

2. 非岩溶区的风化作用过程

在非岩溶区主要以物理剥蚀为主，化学风化为辅。构造运动造成地球表面的巨大起伏，岩石是地貌的物质基础，各种岩石因其矿物成分、硬度、胶结程度、水理性质、结构与产状不同，抗风化和抗外力剥蚀的能力常表现出很大差别，形成的地貌类型或地貌轮廓往往很不同[45]。非岩溶区的地貌外动力也受到气候因素的控制[45]。气候水热组合状况导致外动力性质、强度和组合状况发生，最终将形成不同的地貌类型及地貌组合。温湿气候条件下流水作用成为主导外动力，在舟溪的湿热气候条件下，地表径流丰富，流水作用虽然居主导外动力地位，各种流水地貌类型普遍发育。但同时化学风化较为强烈，红色风化壳普遍较厚，植被有效地减弱了流水侵蚀力。因此，在非岩溶区，虽然河谷的切割非常地大，但地表也覆盖一层很厚的第四纪沉积物。总之，地质构造、岩性与气候因素的相互作用导致各种地貌类型的发育。

地表岩石与矿物在太阳辐射、大气、水和生物参与下，理化性质发生变化、颗粒细化。又借助于长期的降雨，各种地表径流将这些细粒物质搬运进入河道而被机械侵蚀。同时，伴随着一些矿物成分改变，从而形成新物质。例如，正长石的水解形成高岭石、SiO_2溶胶和离子溶液 K_2CO_3，其化学过程为：

$$2KAlSi_3O_8 + CO_2 + 2H_2O \longrightarrow Al_2Si_2O_5(OH)_4 + 4SiO_2 + K_2CO_3 \qquad （3.2.10）$$

总之，在非岩溶区的新构造运动大于剥蚀作用而且两者都很强烈，由长期的地壳不断抬升和河流向下切割不断演化而成。

二、舟溪水文及流水地貌差异

（一）水文差异

由于碳酸盐岩的可溶性，形成地表地下双层结构，降雨通过竖井、落水洞、漏斗迅速汇入地下，在岩溶山区，水分的入渗系数为 0.3 ~ 0.6，甚至高达 0.8[46]。地下水系十分发育，它不但是当地的主要水源，而且也是制约当地洪涝的咽喉。在枯水季节，由于地表水系不发育，地下水深埋，而导致地表土壤干旱，甚至人畜饮水困难。而雨季来临，持续的降雨，口径有限的落水洞很容易被洪水所携带的泥沙、枯枝落叶等堵塞，引起洪水漫溢，淹没洼地中的耕地和农舍，酿成岩溶内涝[3]。

河网密度是指单位流域面积上的河流总长度，可以用于定量描述区域内的水文特征。笔者分别在岩溶区和非岩溶区选取 5 km × 5 km 的样地（如图 3.2.14）进行定量对比分析，经过对岩溶与非岩溶样区的河流长度进行量测（主要在地形图上进行），分析结果为：岩溶区的河流总长度约为 6.35 km，而非岩溶区约为 18.85 km，将其总长度与面积（25 km²）之比，求得岩溶样区内的河网密度为 0.25，而非岩溶样区为 0.75。这主要与岩溶区水文具有地表和地下二元结构有关[46]。舟溪实习区内的降水和气温差异较小，然而，岩溶区的河网密度和地表径流小，那是因为有一部分的水进入地下。因此，地表水系比非岩溶区发育弱。

经野外实地调查，在舟溪实习区内，岩溶区水系支流少（见图 3.2.14），河流流水量也小，甚至出现间歇河流（如图 3.2.15），经量测，河床宽度一般在 4 ~ 6 m（见图 3.2.19、3.2.20）。而非岩溶区地表河流水系发育，呈树枝状分布（见图 3.2.14），河流一年四季流动不息（如图 3.2.16），经量测，河床宽度一般在 10 m 以上（如图 3.2.22、3.2.23）。

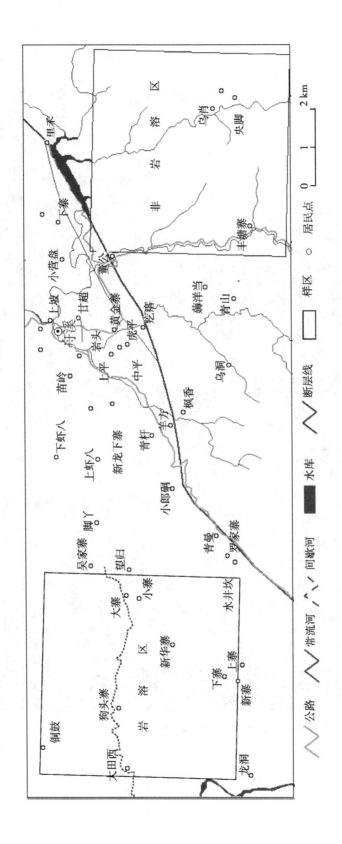

图 3.2.14 舟溪实习区水系图

公路 ∿∿ 常流河 ∿∿ 间歇河 水库 ∿∿ 断层线 样区 ○ 居民点

图 3.2.15 岩溶区河道野外实拍照片（C_1剖面点）

图 3.2.16　非岩溶区河道野外实拍照片（nC₂剖面点）

（二）水文地貌差异

在实习区内，在岩溶区和非岩溶区分别选取 2 条穿过河谷的剖面（如图 3.2.17）进行对比分析。水文地貌剖面解析图如图 3.2.18～图 3.2.23。

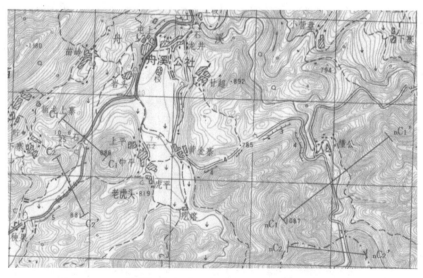

图 3.2.17　岩溶与非岩溶区负地貌（河谷）剖面位置图示

C_1—C_1'和 C_2—C_2'为岩溶区剖面，nC_1—nC_1'和 nC_2—nC_2'为非岩溶区剖面

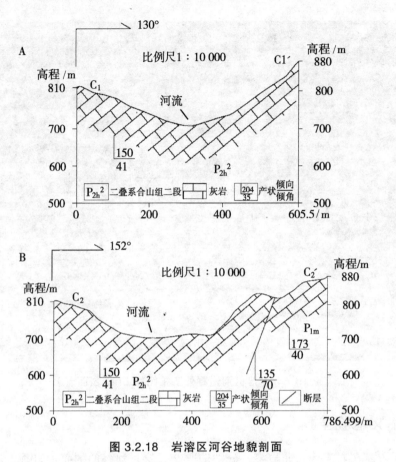

图 3.2.18　岩溶区河谷地貌剖面

A 为 C_1 剖面（即 C_1—C_1' 剖面），B 为 C_2 剖面（即 C_2—C_2' 剖面）

在岩溶区，所选取的河谷地貌剖面的地层为二叠系合山组（P_2h），岩性以石灰岩为主（如图 3.2.18）。经野外调查发现，河谷水流量比较小，河床的宽度也小，这样河流下切和侵蚀能力也相对较小。因此，在岩溶区，河谷两边常有较为平坦的河谷阶地（如图 3.2.19 和图 3.2.20），上面均为疏松的第四纪沉积物，是当地居民的良好农用地，并且谷坡的坡度比较缓和（图3.2.18）。

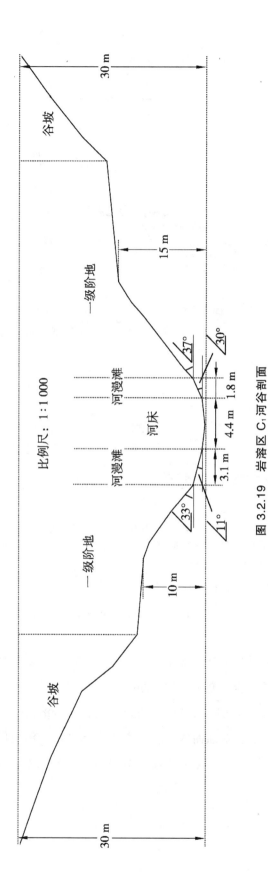

图 3.2.19 岩溶区 C_1 河谷剖面

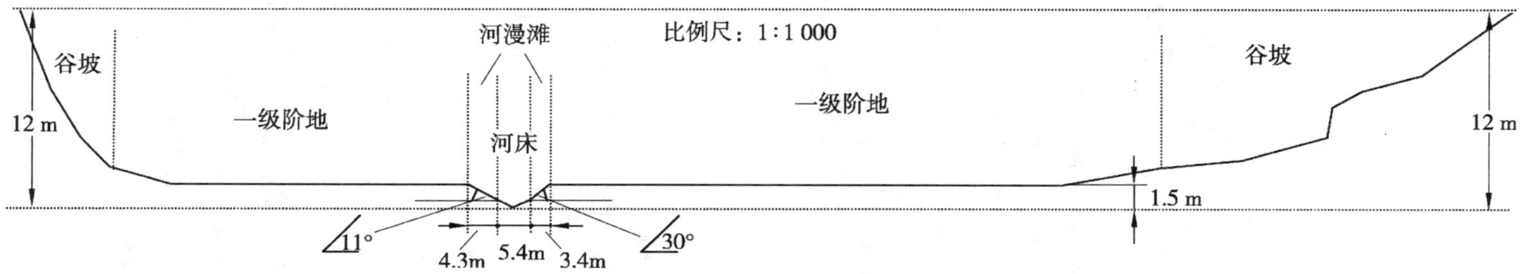

图 3.2.20 岩溶区 C_2 河谷剖面

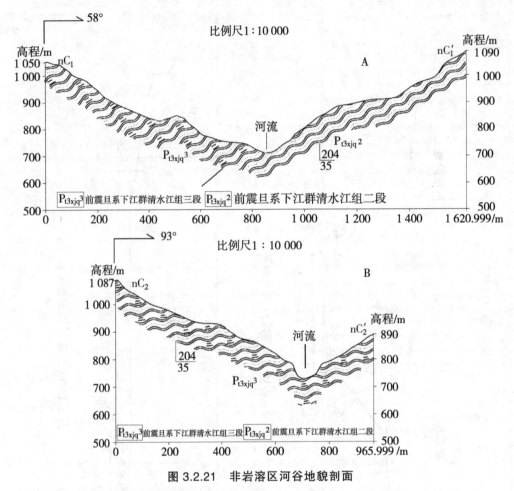

图 3.2.21 非岩溶区河谷地貌剖面

A 为 nC₁ 剖面（即 nC₁—nC₁′剖面），B 为 nC₂ 剖面（即 nC₂—nC₂′剖面）

在非岩溶区，所选取的河谷地貌剖面的地层为前震旦系清水江组（Pt_3xjq），主要岩性为浅灰、灰绿及深灰色变余凝灰岩、变余沉凝灰岩、变余砂岩、粉砂岩及板岩等。以含较多凝灰质为其特征，砂岩中有时含黏土质砾石（如图 3.2.21）。调查发现，非岩溶区河水流量较大，河床宽度也大，但由于河流的长期强烈剥蚀而深切，河道两边几乎没有河流阶地（如图 3.2.22 和图 3.2.23），谷坡的坡度很大，常形成 V 形谷（如图 3.2.21A）或 U 形谷（如图 3.2.21B）。

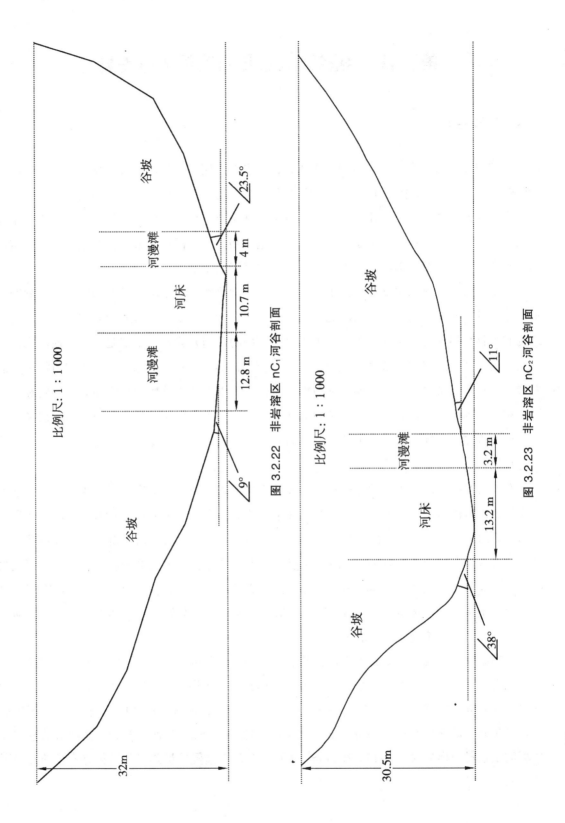

比例尺: 1 : 1 000

图 3.2.22 非岩溶区 nC₁ 河谷剖面

谷坡　河漫滩　河床　河漫滩　谷坡
∠23.5°　4 m　10.7 m　12.8 m　∠9°
32m

比例尺: 1 : 1 000

图 3.2.23 非岩溶区 nC₂ 河谷剖面

谷坡　河漫滩　河床　谷坡
∠11°　3.2 m　13.2 m　∠38°
30.5m

第三节 舟溪岩溶与非岩溶区土壤差异

一、土壤差异

岩溶与非岩溶具有不同岩性的地质背景,其发育有明显差异的土壤理化性质。王春晓等(2009)[47]认为,土壤作为生态系统生物量生产的主要而普遍基质。对人类来说,土壤的最基本和主要的功能便是维持作物的生产,对于地球系统来说,土壤是维持地球表层生态系统生物量的资源基础。而土壤类型直接影响着土地利用方式,因而土壤—植被生态系统的结构非常复杂,中间环节较多,受岩石圈、水圈、大气圈的影响。

土壤是植物群落的主要环境因子之一,土壤的理化性质、土壤种子库的特性等影响着植被发生、发育和演替的速度,同时也因植被的演变而发生改变,土壤的性质与植物群落组成结构和植物多样性有着密切的关系。由于植被类型的空间差异性,土壤肥力也呈现出明显的空间变化特征[48]。其研究表明有机质含量在与植物群落多个特征关系中,主要与植物种类的发展有关;全氮含量却略有不同,它与群落覆盖度、木本植物种数和植物种类的发展等多个因素有关。因此,总体来说,土壤肥力的恢复与植被的组成性状、生物多样性的增加紧密相关。简而言之,不同地质背景下的土壤肥力、植被类型及其覆盖度皆出现明显差异,是导致生态环境系统分异主要原因。

在非岩溶区,地表水系发育,水土流失的主要形式表现为降雨携带泥沙顺坡而下,进入地表河;而岩溶石山区,地下水系发育,其水土流失的主要表现形式为降雨携带泥沙首先进入地下管道、地下河,然后出露地表,汇入地表河。期间耕地较肥沃的耕作层很容易被雨水冲刷而进入地下,使土壤贫瘠[3]。而从岩溶区的土壤结构看,碳酸盐岩母岩与土壤之间缺失C层,土壤与岩石之间呈明显的刚性接触,两者之间的亲和力和黏着力差,一旦遇大雨,极易产生水土流失和块体滑移[3]。而耕地在岩溶区就显得十分分散、零星和不足,土壤浅薄、土被不连续,使土壤的蓄水功能下降。

碳酸盐岩中的成土物质先天不足,其酸不溶物通常很低[3]。据已有研究表明,广西碳酸盐岩的溶蚀,形成1m厚的土层需要250~850 ka[49];贵州碳酸盐岩溶蚀风化形成1m厚的土层需要630~7 880 ka[50]。较之于一般非岩溶区的成土速率慢10~40倍。黔、桂地区碳酸盐岩风化成土速率为6.8~0.21 g/(m²·a)。而根据流经贵州、广西主要岩溶区河流的悬移质估算的土壤侵蚀模数为56~129 t/(km²·a)[51],即土壤侵蚀量是岩石风化成土量的几十至几百倍。

二、实例分析

（一）野外调查与测试分析方法

1. 样区（点）选取

以地域分异规律为理论指导，根据小尺度地域分异现象，即地质岩性、地表组成物质和排水条件引起的地域分异现象，形成两种具有鲜明对比的自然地理环境系统，而土壤植被对生态环境具有明显的指示作用。样区是在岩溶和非岩溶区域内分别选取一个样点，其选取原则为：岩溶和非岩溶的样点必须分别在其区域内；两样点的经纬度和海拔高度不宜差异太大；两样点所处的坡度坡向要相对一致；样点的植被类型和覆盖状况要具有区域的普遍性（代表性），即不能选取植被偏好或偏差的区域；样点的人为干扰程度尽量少。

在舟溪实习区内所选两个样点分别位于在岩溶和非岩溶区域内，两点连线穿过断层线，相距约 8 km，处于同一纬度上（如图 3.3.1），属同一气候带，小气候环境差异不明显。岩溶区样点位于舟溪西南角 3 km 处，位置为 26°28′N，107°55′E，处于山体的中上部，海拔高度为 824 m，坡向 345°NW，坡度 40°，山体较小。地层为二叠系茅口组，主要岩性为浅灰色、灰白色块状纯灰岩为主。具有较典型的岩溶地貌特征，属强—中溶蚀地貌（如图 3.3.1 点 B）。该点周围坐落村庄较多，受人为影响较大，地表植被均为次生，总体覆盖度和长势较差，植被主要以灌木和草本为主，生长有零星乔木，目测平均高度为 2.5 m。B 点土壤为黑褐色石灰土，厚度较薄，有的区域没有土壤，直接为凸露岩石。

非岩溶点位于舟溪东南角 9 km 处，坐标位置为 26°28′N，107°55′E，位于山体的中上部，海拔高度为 1 022 m，坡向 330°NW，坡度 43°，山体庞大且连绵。地层为前震旦系的清水江组第三段，主要岩性为浅灰、灰绿及深灰色变余凝灰岩、变余沉凝灰岩、变余砂岩、粉砂岩及板岩等，以含较多凝灰质为其特征，砂岩中有时含黏土质砾石。具有较典型的非岩溶地貌特征，属剥蚀构造地貌（如图 3.3.1 点 A）。该点距人居地较远，几乎不受人为因素的破坏，植被分层明显，分布有乔木、灌木、草甸三种，以乔木为主，平均目测高度为 15 m，树种主要有杉、松等。土壤为棕黄壤，厚度大，土壤分层明显，有较好的土壤剖面特征。

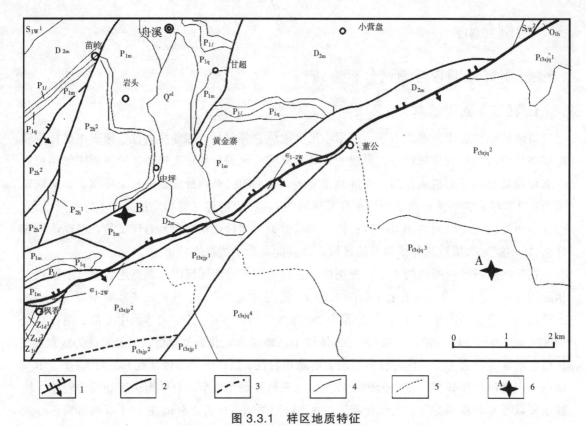

图 3.3.1　样区地质特征

Q^{el}—第四系残积物；P$_2$h^2—二叠系合山组二段；P$_2$h^1—二叠系合山组一段；P$_1$m—二叠系茅口组；P$_1$q—二叠系栖霞组；
P$_1$l—二叠系梁山组；D$_2$m—泥盆系蟒山组；S$_1$w^2—志留系翁项组二段；S$_1$w^1—志留系翁项组一段；O$_1$h—奥陶系红花园组；
Є$_{1-2}$w—寒武系乌训组；Z$_1$d^2—震旦系大塘坡组二段；Z$_1$d^1—震旦系大塘坡组一段；Z$_1$t—震旦系铁丝坳组；
Pt$_3$xjq^1—前震旦系清水江组一段；Pt$_3$xjq^2—前震旦系清水江组二段；Pt$_3$xjq^3—前震旦系清水江组三段；
Pt$_3$xjq^4—前震旦系清水江组四段；Pt$_3$xjp^1—前震旦系平略组一段；Pt$_3$xjp^2—前震旦系平略组二段
1—逆断层；2—实测性质不明断层；3—推测性质不明断层；4—地质界线；5—推测地质界线；6—采样点

2. 土壤剖面分析

土壤剖面样点是分别在上述的岩溶和非岩溶样区均选取经纬度、海拔、坡向和坡度等基本一致，并且植被的长势在区域内具有代表性的两个点。此外，还分别在岩溶和非岩溶区域设置了主要剖面和检查剖面。根据土壤剖面垂直方向上土壤综合性状的差异（土壤诊断特性）及其变化划分土壤发生层次即诊断土层，O 层为枯枝落叶层或草毡层、A 层为腐殖质层、E 层为林溶层、B 层为淀积层、C 层为母质层。不同区域土壤层序不尽相同，按土壤野外剖面层次判定方法对所选剖面进行观察，判定出发生层次，并对每个发生层的颜色、干湿度、质地、结构、松紧度、孔隙度、植物根系、侵入体做好记录。

土壤样品采集主要是在剖面上进行，首先挖开剖面至母质层，并进行量测与分层描述，然后刨掉表面一层枯枝落叶层，在每层次的中间处分别采集，每层采样约 1 kg。采集时应由下而上，并除去大的石子和明显的植物根系等杂物。另外，为了更好地查看岩溶与非岩溶区域的土壤性质，本次调查还在两个样点的周围分别随机采集两个表层土样，即刨掉表面枯枝落叶层后，往下量测 20 cm 处采集。

3. 土壤理化性质测定

地质基底影响着土壤发育过程和决定土壤的理化性质。岩溶区域成土速度慢，土层薄，保水性差，易于发生水土流失；非岩溶区域成土速度较快，发育的土层厚，土壤黏性好，保水作用良好。为了探明岩溶和非岩溶区域土壤性质的差异性，对两个区域 6 个点的 20 cm 和 50 cm 处的土壤质地、水分、pH 值、有机质、水解性氮、速效磷、速效钾等指标进行测试，进而作土壤肥力评定与对比分析。各指标的测试方法如表 3.3.1。

表 3.3.1 土壤理化性质实验方法

指标	土壤质地*	土壤水分	酸碱度	有机质	水解性氮	速效磷	速效钾
实验方法	比重计速测法	烘干法	电位法	高温外热重铬酸钾氧化-容量法	碱解扩散法	碳酸氢钠法	四苯硼钠比浊法

*土壤质地以"卡庆斯基土壤质地分类表"作为划分标准（见表 3.3.2）。

表 3.3.2 卡庆斯基土壤质地分类表

<0.01 毫米土粒的含量/% 草原土类及红黄壤	土壤质地名称	<0.01 毫米土粒的含量/% 草原土类及红黄壤	土壤质地名称
0～5	松砂土	45～60	重壤土
5～10	紧砂土	60～75	轻黏土
10～20	砂壤土	75～85	中黏土
20～30	轻壤土	85～100	重黏土
30～45	中壤土		

4. 土壤肥力评定与对比分析

首先，通过文献参阅与实际情况相结合法，选取土壤有机质，土壤中 N、P、K 的含量构建指标体系。其次，通过各指标的实验结果数据的相关性计算，得出单项肥力指标在土壤综合肥力中的贡献率或权重。最后，应用土壤质量指数和法，进行土壤综合肥力评价。

土壤肥力是土壤物理、化学和生物性质的综合反映。选取土壤有机质，土壤中 N、P、K 的含量构建指标体系，并以全国第 2 次土壤普查确定的土壤肥力分级标准及《土壤理化分析》为基础，参考前人对土壤的分析试验数据，结合当地土壤肥力的情况和本次土壤实验的结果，给出各单项肥力指标的分值（见表 3.3.3）。

表 3.3.3 土壤肥力单项指标等级

分数	有机质/%	水解氮/（mg/kg）	速效磷/（mg/kg）	速效钾/（mg/kg）	等级描述
25	0～1	0～700	0～5	0～30	差
50	1～2	700～1 000	5～10	30～60	中
75	2～3	1 000～2 000	10～15	60～160	良
100	>3	>2 000	>15	>160	优

采用各指标间的相关系数来表示各指标的权重。其计算方法为：首先计算单项肥力指标之间的相关系数，然后求某项肥力指标与其他肥力指标间相关系数的平均值，并根据该平均值占所有肥力指标相关系数平均值绝对值的总和的比作为该单项肥力指标在土壤综合肥力中的贡献率或权重。

应用土壤质量指数和法，进行土壤综合肥力（包括有机质、全氮、碱解氮、速效磷、速效钾）评价，定量地揭示不同的土壤综合肥力。计算公式为：

$$IFI = \sum (W_i \times I_i) \tag{1}$$

式中：IFI 为土壤综合肥力指数表示土壤的综合肥力；W_i 表示各单项评价指标的权重；I_i 为单项评价指标的分值。

（二）野外观测与室内测试结果对比

1. 土壤剖面观测对比

按照上面的剖面选取方法，在岩溶和非岩溶的地区都选取了两个剖面，分别作为主要剖面和检查剖面（非岩溶的主要剖面 A1，检查剖面 A2；岩溶的主要剖面 B1，检查剖面 B2）。按王建主编的《现代自然地理学实习教程》[52]中土壤剖面的记录方法对所取剖面进行记录，结果如表 3.3.4 ~ 3.3.7。

表 3.3.4　剖面 A1 记录表

发生层	土层深度/cm	采样深度/cm	颜色	干湿度	质地	结构	松紧度	孔隙度	植物根系	侵入体
O	0 ~ 5	1 ~ 4	黑	润	中壤土	粒状	稍紧实	大量小孔隙	很多	少
A	5 ~ 15	8 ~ 14	棕	润	轻壤土	粒状	稍紧实	少量小孔隙	较多	少
E	15 ~ 45	20 ~ 30	黄	微润	沙土	团状	稍紧实	很少孔隙	多	无
B	45 ~ 85	55 ~ 75	棕黑	微润	砾质土	团块状	紧实	很少孔隙	少量	无
C	85 ~ 145	90 ~ 120	紫	干	砾质土	团块状	紧实	很少孔隙	少	无

表 3.3.5　剖面 A2 记录表

发生层	土层深度/cm	采样深度/cm	颜色	干湿度	质地	结构	松紧度	孔隙度	植物根系	侵入体
A	0 ~ 5	1 ~ 4	棕黄	润	中壤土	粒状	稍紧实	大量小孔隙	很多	少
E	5 ~ 55	15 ~ 40	黄	微润	沙土	团状	稍紧实	很少孔隙	少量	少
B	55 ~ 90	60 ~ 75	黑	微润	砾质土	团块状	紧实	很少孔隙	少量	无
C	90 ~ 115	95 ~ 110	棕	干	砾质土	团块状	紧实	很少孔隙	少	无

表 3.3.6　剖面 B1 记录表

发生层	土层深度/cm	采样深度/cm	颜色	干湿度	质地	结构	松紧度	孔隙度	植物根系	侵入体
A	0～5	2～4	灰黑	润	轻壤土	粒状	疏松	少量小孔隙	多	少
E	5～25	10～20	棕	微润	沙土	团状	稍紧实	很少孔隙	少量	无
B	25～70	30～50	棕黄	干	沙土	团块状	紧实	很少孔隙	少量	无
C	70～105	80～100	灰	干	砾质土	团块状	紧实	很少孔隙	少	无

表 3.3.7　剖面 B2 记录表

发生层	土层深度/cm	采样深度/cm	颜色	干湿度	质地	结构	松紧度	孔隙度	植物根系	侵入体
A	0～10	5～10	灰黑	润	轻壤土	粒状	疏松	少量小孔隙	多	少
E	10～34	15～25	棕黄	微润	沙土	团块状	稍紧实	很少孔隙	少量	无
C	34～65	40～55	灰	干	砾质土	团块状	紧实	很少孔隙	少量	无

岩溶和非岩溶地区成土母质和成土速率等差异，造成两个区域内土壤情况差异很大。从对岩溶和非岩溶区域土壤剖面的观察和对记录数据的分析可以看出：

（1）从土层的厚度看，非岩溶地区土层厚度明显大于岩溶地区的土层。这是由于岩溶地区的土壤受该区域的岩石、大气、水、生物等影响，成土速率较慢造成的。据王世杰等的研究，要形成 1 m 厚的残积土需要时间为 280～840 Ma[50]。在碳酸盐岩的差异侵蚀和土壤丧失的作用下，岩溶生态系统的土壤逐渐向裂隙和低洼部位退缩，造成大量的土壤聚集于洼地和岩石裂隙，附近岩石逐渐暴露，使岩溶地区土壤分布极不均匀，土层厚度悬殊（见表 3.3.6 和表 3.3.7）。

（2）调查区域长期处于亚热带气候，强烈的化学淋溶作用使风化物中较高的黏粒（<0.001 mm）发生垂直下移，形成上松下黏的一个物理性状不同的界面。

2. 土壤理化性质差异

通过室内的理化实验，得到各指标数据见表 3.3.8。

表 3.3.8　土壤理化性质测试结果

区域	编号	pH	H_2O/%	有机质/%	水解氮/（mg/kg）	速效磷/（mg/kg）	速效钾/（mg/kg）	<0.01 mm 颗粒的百分含量
非岩溶	A1a	5.60	4.16	3.253	43.64	8.47	115.34	37.48
	A1e	—	4.07	2.011	47.54	6.89	104.56	29.72
	A2a	5.32	6.70	4.762	38.24	11.39	119.97	46.70
	A2e	—	4.79	1.993	38.82	8.57	110.33	41.28
	A3	5.31	3.86	3.352	43.20	6.71	122.12	23.45
	A4	5.33	5.48	4.669	39.77	10.24	114.48	34.38
	均值	5.39	4.84	3.34	41.87	8.71	114.47	35.50

区域	编号	pH	H₂O/%	有机质/%	水解氮/（mg/kg）	速效磷/（mg/kg）	速效钾/（mg/kg）	<0.01 mm 颗粒的百分含量
岩溶	B1a	5.83	1.15	1.509	24.86	10.53	84.04	23.63
	B1e	—	0.88	0.295	27.37	13.32	93.12	26.28
	B2a	5.61	1.29	1.908	25.19	14.99	86.15	26.54
	B2e	—	1.03	0.250	28.16	13.52	82.17	21.81
	B3	5.90	1.54	2.152	22.53	12.39	54.90	35.11
	B4	5.57	1.28	0.625	29.78	8.38	61.72	28.33
	均值	5.73	1.20	1.12	26.32	12.19	77.02	26.95

在岩溶和非岩溶区，不同的地质背景和成土母质等形成土壤的各项理化性质必然会有所不同，而这些性质差异又与其所在区域紧密联系。

1）土壤酸碱度差异

土壤酸碱性的形成决定于盐基淋溶和盐基积累过程的相对强度，受母质、生物气候及农业措施等条件的制约。在两个样地中，土壤酸碱性强度无论从剖面第一层、随机表层土，还是总体的平均值都是岩溶 > 非岩溶，并且均为偏酸性土（图 3.3.2）。

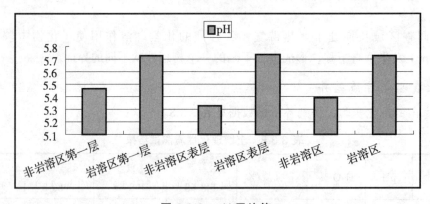

图 3.3.2 pH 平均值

2）土壤含水量差异

岩溶地区受到地质背景的制约，地表水缺乏，水土流失严重导致土壤含水量比非岩溶地区相比偏低（图 3.3.3）。由图 3.3.3 还可以发现出，不管是岩溶还是非岩溶，在同一剖面上，第一层的含水量都比第二层的高。

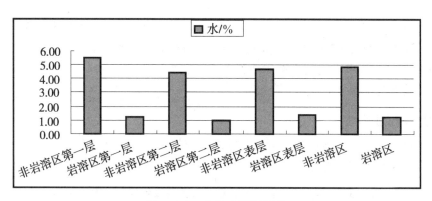

图 3.3.3 水分含量平均值

3）土壤有机质差异

有机质含量虽少，但在土壤肥力上的作用却很大，它不仅含有各种营养元素，而且还是微生物生命活动的能源。但岩溶地区受植被情况差、土壤水热气状况发生较大变化，有机质分解加剧，有机质含量明显降低。在相同剖面上，深度越大，有机质分解得越大，所以第一层的有机质含量都比第二层的大（图 3.3.4）。

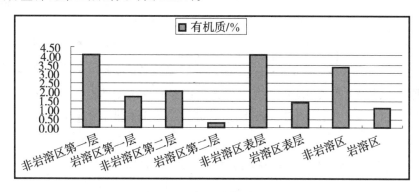

图 3.3.4 有机质含量平均值

4）土壤氮、磷、钾（N、P、K）差异

N、P、K 是植物生长所必需的营养元素，是土壤肥力的重要物质基础。由两个区域的测定结果（图 3.3.5）表明：非岩溶区域的水解性氮和速效钾都比岩溶区域高，但速效磷的含量则正好相反。

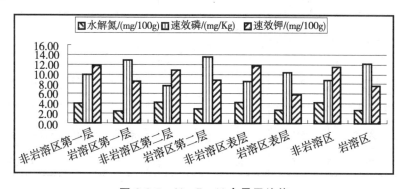

图 3.3.5 N、P、K 含量平均值

由于岩溶地区地表水转为地下水的过程中带走大量的微小颗粒,所以非岩溶地区土壤质地较岩溶地区黏重。用表 3.3.8 中<0.001 mm 颗粒的百分含量数据,求岩溶和非岩溶的平均值分别为 26.9 和 35.5。查卡庆斯基土壤质地分类表(表 3.3.2)得,岩溶区土壤质地为轻壤土,非岩溶区土壤质地为中壤土。

3. 土壤肥力对比

根据上文介绍的方法,通过各指标的实验结果数据的相关性计算处理,得出各肥力因子之间的单相关关系和各肥力指标的相关系数均值和权重系数(见表 3.3.9 ~ 3.3.10)。

表 3.3.9 非岩溶区各肥力指标的相关系数均值和权重系数

项 目	有机质	水解氮	速效磷	速效钾
相关系数平均值	0.30	−0.59	0.09	0.18
指标权重	0.26	0.51	0.08	0.15

表 3.3.10 岩溶区各肥力指标的相关系数均值和权重系数

项 目	有机质	水解氮	速效磷	速效钾
相关系数平均值	−0.36	−0.35	0.10	0.11
指标权重	0.39	0.38	0.11	0.12

本书根据实验数据(见表 3.3.8)、各单项肥力指标的分值(见表 3.3.3)和各肥力指标权重系数(见表 3.3.9、3.3.10),通过公式(1)计算得出岩溶和非岩溶地区土壤综合肥力指数(见表 3.3.11)。

表 3.3.11 岩溶和非岩溶样区土壤综合肥力状况

区域	编号	IFI	等级	区域	编号	IFI	等级
非岩溶	A1a	54.18	良	岩溶	B1a	46.50	中
	A1e	47.65	中		B1e	36.77	中
	A2a	56.13	良		B2a	46.50	中
	A2e	41.13	中		B2e	36.77	中
	A3	54.183	良		B3	53.18	良
	A4	56.13	良		B4	33.93	中
	第一层平均值	55.16	良		第一层平均值	46.50	中
	第二层平均值	44.39	中		第二层平均值	36.77	中
	表层平均值	55.16	良		表层平均值	43.56	中
	平均值	51.57	良		平均值	42.27	中

由表 3.3.11 中对各样点土壤肥力评价等级看出：岩溶地区仅一个样点肥力等级达到良，其他都为中级，而非岩溶地区 2/3 都是良级，只有 2 个样点是为中级。说明岩溶地区的土壤综合肥力比非岩溶地区差。这与李阳兵等（2004）[53]的研究结果有较好的对应。

4. 土壤性质的环境效应

从研究点的土壤理化性质和质地的各项数据得出，除 pH 和速效磷岩溶区域高外，水分、有机质、水解氮、速效钾均为非岩溶区域高；质地方面，岩溶区土壤质地为轻壤土，非岩溶区土壤质地为中壤土。这些数据表明，岩溶地区的土壤综合肥力比非岩溶地区差。在这种土壤性质的差异下，其环境效应出现有不同的表现。岩溶区的水土保持较差，植被状况矮小，区域内土地耕作效果不佳，对农作物的生长有很大程度的不利影响；非岩溶区土壤含水较高，植被茂密，水土保持非常好，是开发农林的优先区域。

第四节　舟溪岩溶与非岩溶区植被差异

一、植被差异

碳酸盐岩地区岩石的裸露率高，土被不连续，土层薄，土壤富钙、偏碱性，植被生境严酷[3]。据朱守谦等（1995）[54]将贵州茂兰岩溶森林区的植被生境类型分为 6 种：石面、石缝、石沟、石洞、石槽、土面。其中石面生境的面积约占 70%。土被不连续，表征植被的生态空间相对离散；土层薄，表征植被根系的生态空间狭小。因而植被的根系必然要在碳酸盐岩的各种裂隙中寻求生存空间，以支持树体、获得水分和营养物质[3]。这样的岩溶森林生态系统一旦遭到人为破坏，如大量砍伐、火烧，必将导致水土流失，生境恶化，形成石漠化。石漠化地区植被的自然恢复需要数十年至上百年。贵州退化的森林群落在保留有原群落的繁殖体（土壤种子库未被破坏）的前提下，退化群落从草本恢复至灌丛阶段需 20 年，至乔木林阶段需 47 年，至顶级群落则需 80 年以上[55]。

广西在 20 世纪 60—80 年代森林遭受几次大规模的砍伐，在 80 年代中后期实施封山育林，恢复至 2004 年岩溶石山区与非岩溶区有较大的差异：岩溶区灌丛平均覆盖率为 14.81%，森林覆盖率平均为 12.13%；而非岩溶区的灌丛群落覆盖率仅为 1.92%，森林覆盖率平均 31.32%[3]。这意味着岩溶石山区植被恢复得缓慢。从广西现存植被的分布状况和特征可略见岩溶区植被恢复的难度。

二、实例分析

（一）野外调查与分析方法

1. 植物样方调查

植物样区在调查范围内选取生物、土壤等尽量没有人为因素影响，植物生长比较均匀，且有代表性的地段作为样地。野外调查分别选择两个生境尽量一致但不处于两个不同群落，而且植被生长具有一定区域代表性的过渡地段。

样地面积的大小因为植物群落类型的不同而改变，凯里舟溪位于贵州省东南部，降水水汽主要来自孟加拉湾和南海，两股湿润气流在南部一带相会，形成丰富降水，属于亚热带湿润季风气候。因而选择 500 m²，即 20 m × 25 m 的长方形样方。

由于野外不能识别所有植物，对可以准确确认的植物直接做好标记，对于乔木层植物要逐一测出胸径、高度、数目并及时做好详细记录；对于不能确定的植物，采集标本后到实验室鉴定分析。采集时针对各种标本制作两张标（注明：编号、采集时间、采集地点、采集人等），种类可用号码代表，以后用于定名订正，一张贴在植物的经杆上，便于以后对于植物特性描述、辨认时更加准确方便，另一张连同植物标本一同放入标本夹或采集带内，便于观察。

2. 植物标本鉴定

对于标本要仔细观察，注意对其根、茎、叶、花和果实等部位的观察，对繁殖器官要更加仔细，借助放大镜或解剖显微镜，观察花等的形态构造。再查阅全国性或地方性植物文献，加以分析对照。在核对文献时，首先应查阅植物分类学著作，如《中国植物志》《中国高等植物图鉴》等，以及有关的地区性植物志及原始文献（原始文献即指第一次发现该种植物的植物工作者，描述其特征，予以初次定名的文献）。在核对标本时，要注意同种植物在不同生长期的形态差异，需要参考更多一些标本，才能使鉴定的学名准确。对一些难以定名的标本，可寄请专家或植物分类研究单位协助鉴定。

3. 植物相关分析

在样方调查的基础上，进行生物多样性、物种丰富度、均匀度、生态优势度、相似性、相对密度、密度比、频度和重要值等指数的计算，然后再做进一步的对比分析。

1）生物多样性计算

生物多样性是指生物中的多样化和变异性以及物种生境的生态复杂性。它包括植物、动物和微生物的所有种及其组成的群落和生态系统。生物多样性具有两种涵义：其一是种的数目或丰富度，它是指一个群落或生境中物种数目的多寡；其二是种的均匀度，它是指一个群落或生境中全部物种个体数目的分配状况，它反映的是各物种个体数目分配的均匀程度。多样性指数正是反映丰富度和均匀度的综合指标。本书测定多样性的公式选用辛普森多样性指数，它是基于在一个无限大小的群落中，随机抽取两个个体，它们属于同一物种的概率是多少的假设而推导出来的。具体表达式如式（3.4.1）。

$$D = 1 - \sum_{i=1}^{S} P_i^2 = 1 - \sum_{i=1}^{S} (N_i / N)^2 \qquad (3.4.1)$$

式中，N_i 为物种 i 的个体数，N 为群落中全部物种的个体数[26]。

2）物种丰富度指数、均匀度指数及生态优势度计算

物种丰富度指数、均匀度指数及生态优势度是对多样性的进一步分析说明。

（1）物种丰富度指数（R_1）（Margalef，1957），表达式如式（3.4.2）。

$$R_1 = (S-1) / \log_2 N \qquad (3.4.2)$$

式中，S 为物种数，N 为所有物种的个体数之和。

（2）均匀度指数（J）（Pielou，1977），表达式如式（3.4.3）。

$$J = H' / \log_2 S \qquad (3.4.3)$$

$$H' = -\sum P_i \log_2 P_i \qquad (3.4.4)$$

式中，S 为物种数，$P_i = n_i / N_i$，代表第 i 个物种的个体数 n_i 占所有个体总数 N_i 的比例。

（3）生态优势度（λ）（Simpson，1949），表达式如式（3.4.5）。

$$\lambda = \sum n_i (n_i - 1) / N(N-1) \qquad (3.4.5)$$

式中，N 为所有物种的个体总数之和，n_i 为第 i 个物种的个体数[27]。

3）相似性系数计算

各地区植物区系之间既有相互联系的一面，又有独立发展的一面，具体情况不仅可以反映地区间植物区系之间的联系，而且能够反映不同地区环境和自然演化史的共同性程度或关系的密切程度，为此需要进行植物区系间的比较分析。植物区系的统计资料提供最基本的数据，可用来剖析区系的组成特征。受面积大小、地理位置、环境多样性程度等因素影响不同，故比较分析应该尽量遵循具有同等条件原则。地区间植物区系的相似程度采用的方法[28]为：

$$Ksorensen = 2C / (A + B) \qquad (3.4.6)$$

式中，$Ksorensen$ 为相似性系数，A 为样方 A 植物属的数目，B 为样方 B 植物属的数目，C 为两地共有属的数目。

（二）舟溪岩溶与非岩溶区植物调查结果对比

1. 样区植物类型对比

根据前文陈述的鉴定方法，对非岩溶（样方 A）和岩溶（样方 B）进行了全面的调查鉴定，查明样方 A 和样方 B 的植物科、属、种的名录分别如表 3.4.1 和表 3.4.2。经统计：样方 A 植物有 33 科，45 属，54 种，总共 30 288 个植物个体；样方 B 植物有 32 科，40 属，48 种，总共 49 356 个植物个体。两样区植物的科是相当的，样方 A 的植物比样方 B 多 5 个属，而种样方 A 则多 7 个，说明非岩溶区的植物更为多样化。但植物个体样方 B 则比样

方 A 多出将近 20 000 个，这说明岩溶区植物个体的密度远远大于非岩溶区，这在野外调查中得以证实。

A、B 两个样方的植物中，重复有 16 科、17 属和 15 种，其中样方 A 与样方 B 重复的种中共有 8 632 个植物个体，占样方 A 总数目的 28.50%，样方 B 与样方 A 重复的种中共有 7 412 个植物个体，占样方 B 总数目的 15.02%。

表 3.4.1 非岩溶样区（样方 A）植物科、属、种名录

序号	科	属	学（种）名	拉丁名
1	紫箕科	紫箕属	紫箕	*Osmunda japonica*
2	樟科	木姜子属	清香木姜子	*Litsea euosma W.W.Smith*
			木姜子	*Litsea pungens Hemsl.*
		山胡椒属	山胡椒	*Lindera glauca(Sieb.et Zucc.)Bl.*
		润楠属	小果润楠	*Machilus microcarpa Hemsl.*
3	鸢尾科	鸢尾属	鸢尾	*Iris tectorum*
4	玄参科	泡桐属	泡桐	*Paulownia fortunei (Seem.)Hemsl.*
5	五加科	鹅掌柴属	穗序鹅掌柴	*Schefflera delavayi (Franch.) Harms ex Diels*
6	苏木科	羊蹄甲属	羊蹄甲	*Bauhinia purpurea L.*
7	松科	松属	马尾松	*Pinus massoniana Lamb.*
8	薯蓣科	薯蓣属	薯蓣	*Dioscorea opposita Thunb.*
9	柿树科	柿树属	柿树	*Diospyros kaki*
10	杉科	杉木属	杉木	*Cunninghamia lanceolata (Lamb.) Hook*
11	山梅花科	溲疏属	四川溲疏	*Deutzia setchuenensis Franch.*
12	山茶科	杨桐属	杨桐	*Adinandra millettii (Hook. et Arn.) Benth. et Hook. f. ex Hance*
		柃木属	细枝柃	*Eurya loquaiana*
			柃木	*Eurya brevistyla Kobuski*
13	桑科	榕属	异叶榕	*Ficus heteromorpha Hemsl .*
			琴叶榕	*Ficus pandurata Hance var. pandurata*
		构树属	小构树	*Broussonetia kazinoki S. et Z.*
14	蔷薇科	悬钩子属	川莓	*Rubus setchuenensis Bureau et Franch.*
			三花悬钩子	*Rubus trianthus*
		蔷薇属	小果蔷薇	*Rose cymosa Trtt*
		樱属	樱	*Cerasus serrulata (Lindl.) G.Don ex London*
15	裸子蕨科	粉叶蕨属	粉叶蕨	*Pityrogramme calomelanos*

序号	科	属	学（种）名	拉丁名
16	鳞毛蕨科	鳞毛蕨属	红盖鳞毛蕨	*Dryopteris erythrosora (Eaton) O. Ktze.*
17	壳斗科	栎属	白栎	*Quercus fabri Hance*
		栗属	板栗	*Castanea mollissima Bl.*
18	卷柏科	卷柏属	翠云草	*Selaginella uncinata(Desv.)Spring.*
19	菊科	艾纳香属	大叶艾纳香	*Blumea martiniana Vant.*
20	旌节花科	旌节花属	椭圆叶旌节花	*Stachyurus callosus*
			倒卵叶旌节花	*Stachyurus obovata (Rehd) Cheng*
21	金缕梅科	枫香属	枫香	*Liquidambar formosana Hance*
			薄叶桤木	*thinleaf alder；mountain alder*
		桤木属	山枫香	*Liquidambar formosana Hance var. monticola Rehd.et Wils.*
22	夹竹桃科	黄花夹竹桃属	黄花夹竹桃	*Thevetia peruviana (Pers.) K. Schum.*
23	桦木科	桦木属	光皮桦	*Betula luminifera H.Winkl.*
24	胡桃科	化香属	化香	*Platycarya strobilacea Sieb . Et Zucc .*
25	禾本科	箬竹属	箬竹	*Indocalamus latifolius*
			箬竹	*Indocalamus latifolius*
		芒属	芒	*Miscanthus sinensis Anderss.*
26	含羞草科	合欢属	合欢	*Albizzia julibrissin Durazz.*
27	海金沙科	海金沙属	海金沙	*Lygodium japonicum*
28	防己科	千金藤属	金线吊乌龟	*Stephania cepharantha Hayata*
29	杜鹃花科	南烛属	小果南烛	*Lyonia ovalifolia (Wall.) Drude var. Elliptica (S. Et Z .) H. -M.*
		杜鹃花属	映山红	*Rhododendron simsii*
			长蕊杜鹃	*Rhododendron stamineum*
30	蝶形花科	崖豆藤属	毛亮叶崖豆藤	*Millettia nitida Benth . Var. Mollifolia Q. W. Yao*
		木兰属	马棘	*Indigofera pseudotinctoria Mats.*
31	大戟科	油桐属	油桐	*Vernicia fordii (Hemsl.) Airy Shaw*
		野桐属	毛桐	*Mallotus barbatus (Wall.ex Baill.) Muell. -Arg.*
32	报春花科	珍珠菜属	排草	*Lysimachia sikokiana Miq.*
33	菝葜科	菝葜属	尖叶菝葜	*Smilax arisanensis Hayata*
			菝葜	*Smilax china*

表 3.4.2 岩溶样区（样方 B）植物科、属、种名录

序号	科	属	学（种）名	拉丁名
1	醉鱼草科	醉鱼草属	密蒙花	*Buddleja officinalis Maxim.*
2	紫金牛科	铁仔属	铁仔	*Myrsine africana Linn.*
3	紫箕科	紫箕属	紫箕	*Osmunda japonica*
4	野牡丹科	野牡丹属	地菍	*Melastoma dodecandrum Lour.*
5	杨梅科	杨梅属	杨梅	*Myrica rubra Siebold et Zuccarini*
6	小檗科	南天竹属	南天竹	*Nandina domestica Thunb.*
7	松科	松属	马尾松	*Pinus massoniana Lamb.*
8	薯蓣科	薯蓣属	薯蓣	*Dioscorea opposita Thunb.*
9	鼠李科	鼠李属	小冻绿	*Rhamnus rosthornii Pritz.*
			异叶鼠李	*Rhamnus heterophylla Oliv.*
10	杉科	杉木属	杉木	*Cunninghamia lanceolata(Lamb.) Hook*
11	山茶科	山茶属	油茶	*Camellia oleifera Abel.*
		柃木属	柃木	*Eurya kweichowensis Hu et L.K.Ling*
12	桑科	榕属	地瓜	*Ficus tikoua Bur.*
		构树属	小构树	*Broussonetia kazinoki S. et Z.*
13	忍冬科	荚蒾属	珍珠荚蒾	*Viburnum foetidum Wall. var. ceanothoides (C.H.Wright) Hand.-Mazz.*
			金佛山荚蒾	*Viburnum chinshanense Graebn.*
14	蔷薇科	悬钩子属	周毛悬钩子	*Rubus amphidasys*
			粉枝莓	*Rubus biflorus Buch.-Ham. ex Smith*
			白叶莓	*Rubus innominatus S.Moore*
15	荨麻科	糯米团属	糯米团	*Gonostegia hirta (Bl.) Miq.*
16	漆树科	盐肤木属	盐肤木	*Rhus chinensis Mill.*
17	葡萄科	爬山虎	爬山虎	*Parthenocissus tricuspidata*
		绞股蓝属	绞股蓝	*Gynostemma pentaphyllum (Thunb.) Mak.*
18	马鞭草科	紫珠属	紫珠	*Callicarpa dichotoma*
19	鳞始蕨科	乌蕨属	乌蕨	*Stenoloma chusanum*
20	鳞毛蕨科	鳞毛蕨属	红盖鳞毛蕨	*Dryopteris erythrosora (Eaton) O. Ktze.*
			多鳞鳞毛蕨	*Dryopteris barbigera (T. Moore et Hook.) O. Ktze.*
		贯众属	贯众	*Cyrtomium fortunei*

序号	科	属	学（种）名	拉丁名
21	壳斗科	栗属	板栗	*Castanea seguinii Dode*
		栎属	白栎	*Quercus fabri Hance*
22	菊科	牛膝属	牛膝	*Achyranthes bidentata Blume*
		艾纳香属	大叶艾纳香	*Blumea martiniana Vant.*
23	禾本科	苔草属	苔草	*Carex nemostachys Steud*
		芒属	五节芒	*Miscanthus floridulus (Labill.) Warb. ex Schum. & Lauterb.*
			白茅	*Imperata cylindrica (Linn.) Beauv.*
			芒	*Miscanthus sinensis Anderss.*
24	海金沙科	海金沙属	海金沙	*Lygodium japonicum*
25	凤尾蕨科	凤尾蕨属	长羽凤尾蕨	*Pteris olivacea*
26	杜鹃花科	南烛属	小果南烛	*Lyonia ovalifolia (Wall.) Drude var. Elliptica (S. Et Z.) H. -M.*
		杜鹃花属	映山红	*Rhododendron simsii*
27	冬青科	冬青属	珊瑚冬青	*Ilex corallina Franch.*
			刺齿叶珊瑚冬青	*Ilex coralliana var.aberrans Hand. -Mazz.*
28	蝶形花科	黄檀属	藤黄檀	*Dalbergia hancei Benth.*
29	大戟科	算盘子属	算盘子	*Glochidion puberum (L.) Hutch.*
30	蚌壳蕨科	金毛狗属	金毛狗	*Cibotium barometz (Linn.) J. Sm.*
31	百合科	黄精属	黄精	*Polygonatum sibiricum Delar. ex Redoute*
32	菝葜科	菝葜属	菝葜	*Smilax china*

根据对两样方调查统计的植物种类及其数目，查阅相关资料，将物种所属的乔木、灌木和草本进行归类统计，如图 3.4.1~图 3.4.3。其中，图 3.4.1 为种的数量统计，样方 A 中乔木有 20 种，占样方 A 总种数 37.37%，灌木有 21 种，占 38.89%，草本有 13 种，占 24.74%；样方 B 中乔木有 8 种，占样方 B 总种数 16.67%，灌木有 17 种，占 35.42%，草本有 23 种，占 47.92%。对比分析可以看出，样方 A 的乔灌层的种类比样方 B 的多，而草本层则反之。这表明样方 A 的乔木层种比样方 B 丰富，而样方 B 的草本优于样方 A。

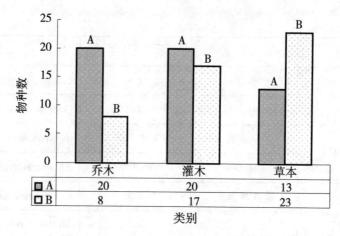

图 3.4.1　A、B 样方植物物种分层统计

图 3.4.2 为样方 A 和样方 B 植物总数目分层统计。样方 A 中乔木数目占样方 A 总种数 3.0%，灌木数目占样方 A 总种数 23.4%，草本为 73.9%；样方 B 乔木数目占样方 B 总种数 4.6%，灌木数目占样方 B 总种数 11.0%，草本 84.4%。可以发现，样方 A 数目少于样方 B。

图 3.4.3 为样方 A、B 高度的数目统计分层。样方 A 中高度大于 3 m 以上的占总数 3.2%，高度在 1~3 m 的占 23.7%，高度为 0~1 m 的为 73.6%；样方 B 高度大于 3 m 以上的占总数 0.2%，高度在 1~3 m 的占 15.4%，高度为 0~1 m 的为 84.4%。可以看出，样方 A 高于 3 m 以上的乔木层远远大于样方 B，而样方 B 几乎没有，1~3 m 的乔灌层样方 A 也大于样方 B，只有草本层样方 B 与样方 A 比占优势。

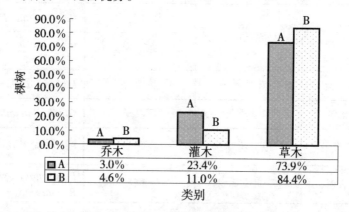

图 3.4.2　A、B 样方植物总数目分层统计

从三个统计图表（图 3.4.1~图 3.4.3）发现，虽然样方 A 区的总数目比样方 B 稍少，样方 A 的乔木种和高层乔木比样方 B 有很大优势。通过野外的调查发现，岩溶区域的植被长得很密，乔木物种数目也很多，但基本上都是在 1~3 m 之间，而 1 m 以下都是草本，3 m 以上的乔木数量少，因此，岩溶区的生态群落比较简单，稳定性较差。而在非岩溶区域，3 m 以上的数量虽然不太多，但长势非常好，普遍在 15 m 左右的高度，灌木层也具有相当的数量，乔、灌、草三个层非常明显。因此在非岩溶区生态群落复杂多样，生态稳定性良好。

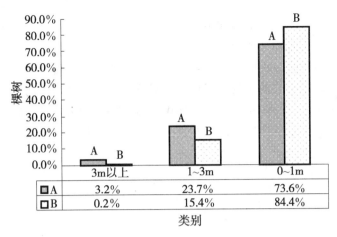

图 3.4.3　A、B 样方植物高度统计分层

2. 植物相关系数对比

根据样方调查的植物类型，运用植被相关计算模型式（3.4.1）~ 式（3.4.6）对两样区多样性指数（D）、丰富度指数（R）、均匀度指数（J）、生态优势度（λ）和相似性等做了计算分析，结果如表 3.4.3 所示。

表 3.4.3　岩溶（A）与非岩溶（B）样区植物相关系数对比

指数项目	样方 A	样方 B
辛普森多样性指数（D）	0.844	0.802
丰富度指数（R）	3.493	3.015
均匀度指数（J）	0.571	0.530
生态优势度（λ）	0.155	0.196
相似性系数	0.217 821 782	

对表 3.4.3 对比分析得出：非岩溶区的多样性指数（D）、丰富度指数（R）和均匀度指数（J）均高于岩溶区，分别高出 0.842，0.478，0.021，这表明非岩溶区的植被多样性较岩溶区高。从丰富度看出，非岩溶区的物种较岩溶区的多，这表明非岩溶区域多样性的增加；从均匀度指数显示，非岩溶区种类之间个体分配的均匀性较高，说明了非岩溶区的植物多样性较岩溶区增加；生态优势数据表明，岩溶区的群落物种数量分布较非岩溶区不均匀，其优势种地位突出；两样方的植物相似性系数为 21%，因此可以认为两区域的植被差异比较大。

3. 植被状况的环境效应分析

研究区的植被主要为亚热带常绿阔叶林，其乔、灌木及草本群落是亚热带森林破坏后形成的植被类型。同时，由于地质岩性、土壤水分和肥力的因素影响，区域各不同地形地貌生长的植被出现很大的差异性。最为明显的是岩溶和非岩溶两种地貌形态分布的植被。经过调查研究表明：区域内非岩溶区的植被多样性、丰富度、均匀度都高于岩溶区，这种差异性的存在使得两区域植被的环境效应也有一定程度的差异。

　　非岩溶区植被主要由高大的乔、灌群落占据，植被覆盖茂盛，对环境小气候有一定的调节作用。同时，提供了大量的氧气，保持了碳氧含量在一定区域内的平衡；在对水土流失方面，起到了保护土壤养分、防止水土流失作用。岩溶区域的植被长势较非岩溶区域弱，但由于分布有较多的灌、草群落植被，使得调查区域的石漠化得到一定程度的缓解。

第四章

舟溪野外调查专题设计

舟溪野外实习基地是围绕着岩溶与非岩溶这两大地质背景来建设的，岩溶区与非岩溶区存在显著的自然地理环境差异。学生可以根据本书中第四章介绍的地理现象和第五章介绍的野外实践方法，结合自己兴趣和专长，选取某一个方向开展专题调查，或者选取几个方向开展综合调查。本章主要根据舟溪岩溶与非岩溶区存在的地质、地貌、水文、土壤和植被等自然地理要素差异来进行野外调查专题设计。

第一节　岩溶与非岩溶的地质剖面对比观测

在舟溪实习基地区域内，由于自然覆被较好，出露的岩石地层较少，在天然条件下很难看到比较完整的天然剖面。因此，要充分利用地质图和地形图，以及掌握的文献资料。选择好地质剖面路线，并结合地形图，初步绘制剖面轮廓。地质剖面观测点应选在公路沿线上，在断层线两侧的岩溶和非岩溶区域各选几个观测剖面进行对比考察。

（1）通过《地形图》找到剖面在地图上的具体位置，在借助于《地质图》所观测剖面所属地层年代的岩组类型。然后对比所准备的文献资料，大体了解观测剖面的地层岩性，便于更好地进一步开展野外工作。

（2）利用地质锤、放大镜以及刀片，结合资料文献，鉴定观测剖面的不同岩层的岩石类型及其岩性，在不确定其中某一岩层的岩石类型及岩性时，或在必要的情况下，按地质采样方法，采集一定的地质岩石标本，带回室内做进一步的鉴定观测与研究。

（3）利用地质罗盘测量观测剖面的岩石产状（包括走向、倾向和倾角等产状要素），及时描绘出地质素描简图。

（4）利用皮尺测量完整剖面不同岩层的厚度，按一定比例画出地质剖面图。图上包括的信息有岩石产状、岩性、岩层厚度、不同岩层间的接触关系，以及地质构造现象，包括褶皱现象的个褶皱要素、断裂组合关系等。

（5）借助地形图和地质图，地层线两边的观测剖面位置上，在垂直于观测剖面走向上各画一条综合地理剖面图，图上有地质、地形地貌、土壤和地表地物（包括水体、植被类型、建设用地等土地利用）信息等等。

（6）整个实践过程中，要多动手和动脑，认真做记录，包括文字记录、素描简图，勤于发现和描述各种地质现象，拍摄和采集标本等。

第二节　岩溶与非岩溶的地貌对比观测

岩溶与非岩溶区域所发育的地貌类型存在明显差异。岩性不同，所发育地貌类型往往也不同。如：坚硬岩石如石英岩、石英砂岩、砾岩常形成山岭和峭壁；松软岩石如泥灰岩、页岩常形成低丘、缓岗；柱状节理发育的岩石常形成陡崖与石柱；垂直节理发育的花岗岩易形成陡峭山峰；片岩分布区多形成鳞片状地貌；湿热气候下的碳酸盐常形成喀斯特地貌；软硬相间分布的岩石在水平方向上常导致河谷盆地与峡谷相间分布，在垂直方向上则形成陡缓更替的阶状山坡。

实习区内大体以南西—北东走向的龙井街断层为界划分为两块基础地质背景（如图3.3.1）。该线东南区为剥蚀侵蚀地貌，侵蚀构造类型有变余砂岩、凝灰岩、板岩等组成的脊状中山，石英岩和少量页岩等组成的垄状脊状中山，页岩及少量砂岩、石灰岩组成的垄状低山；西北区为溶蚀地貌，溶蚀构造类型有由石灰岩组成的岩溶低中山，主要由石灰岩组成的岩溶低山，由白云岩组成的弱岩溶低中山、弱岩溶垄状低山、弱岩溶馒头状低山、弱岩溶丘陵。形成溶洞、暗河、天生桥、石林、溶斗、峰丛峰林、溶丘等岩溶地貌。

关于舟溪实习区的岩溶和非岩溶区域的地貌类型进行对比考察研究，利用地形图和地质图作为野外基础工作底图，可以借助遥感影像和 GIS 技术进行辅助，对区域《地形图》进行数字化，生成数字高程模型（如图 3.2.1），可以直观地对比观测岩溶与非岩溶区的地貌景观。可以将数字高程模型转换为坡度和坡向图进行对比观测和量化统计分析。也可以利用地形图和野外调查资料绘制山体剖面图进行对比分析（如图 3.2.2）。

（1）地质构造控制和流水外力共同作用下的侵蚀地貌形态和地貌组合、主要山体走向。

（2）相对高差、河谷与山脊的分布状况、山体形态。

（3）地形坡度、坡向分布情况等。

（4）借助 GIS 生成数字高程模型（DEM）进行数字模拟与分析。

（5）考察过程中，认真做记录，包括文字记录、素描简图，地形地质地图标注，勤于发现和描述各种地貌组合现象，拍摄地理现象等。

第三节　岩溶与非岩溶的水文及水文地貌对比观测

流水在地貌的发育过程中是一个非常重要的外力因素。区内里禾河与舟溪河汇集于舟溪镇中，最后注入清水江。两条支流皆分别流经龙井街断层线。在非岩溶区以变余砂岩为主，属古生代的清水江组，构造运动上升和河流的下切作用，形成了众多的"V"形和"U"形沟谷地貌，河流两岸冲沟发育，呈树枝状分布。岩溶区发育区内以灰岩为主，岩溶地貌发育，水土流失严重，导致在山上岩石普遍出露地表，土壤呈间断性分布，而在河谷附近，由于长期的大量水土堆积，形成相对平坦的谷间坝地，土壤肥沃，是农业生产的主要地方。

由于岩溶与非岩溶区域存在地质基地的差异，加上水动力的影响，区域内发育了两套不同的宏观地貌和河流地貌类型，据此而开展实习区域的水文地貌野外调查。可以在实习区的岩溶和非岩溶区域内分别找几个河流断做河流地貌对比观测分析。

（1）考察实习区内在地质地貌控制下的河网分布状况。

（2）考察两套地质背景下的河谷地貌组合。量测河床和谷底的宽度；考察河漫滩的状况，包括宽度、大体的岩石沙粒组合及其坡度等；观测河流阶地的坡度、分层及其沉积物组合等；调查谷坡的地质岩石状况及其地形地貌组合等。

（3）观测过程中，要多动手和动脑，认真做记录，包括文字记录、素描简图，勤于发现和描述各种地质地貌现象，量测地形地貌参数，拍摄和采集标本等。

（4）根据考察数据资料，结合文献，分析河流地貌的成因问题，并作对比分析。

第四节　岩溶与非岩溶的土壤对比观测

不同地质背景下发育的土壤类型不同，土壤理化性质也存在很大的差异，因而土壤肥力出现明显不同，是导致生态环境系统分异主要原因。在舟溪实习区，岩溶区主要发育的土壤类型为石灰土，而非岩溶区的土壤类型主要为棕黄壤。根据实习区岩溶与非岩溶不同的地质背景，通过大量野外调查，结合室内测定进行土壤差异性调查与分析。

（1）观测点的选取。① 地质岩性的选取要求：观测点必须分别在岩溶和非岩溶的某一特定岩组地层区域内。② 地形地貌的选取要求：由于土壤发育受地域分异规律（纬度、海拔和地形）的影响，因此，两观测点的经纬度和海拔高度不宜差异太大；两样点所处的坡度坡向要相对一致；样点的植被类型和覆盖状况要具有区域的普遍性（代表性），即不能选取植被偏好或偏差的区域；样点的人为干扰程度尽量少。

（2）剖面挖开与分层。两个观测点的选择分别在岩溶和非岩溶区域设置主要剖面和检查剖面。主要剖面是为全面研究土壤的发生学特征，从而确定土壤类型及其特性。检查剖面是为对照检查主要剖面所观察到的土壤性态特征，它可以丰富和补充修正主要剖面的不足，检查剖面设置主要剖面的周围，选择条件一致。

根据土壤剖面垂直方向上土壤综合性状的差异（土壤诊断特性）及其变化划分土壤发生层次即诊断土层，O 层为枯枝落叶层或草毡层、A 层为腐殖质层、E 层为林溶层、B 层为淀积层、C 层为母质层。不同区域土壤层序不尽相同，按土壤野外剖面层次判定方法对所选剖面进行观察，判定出发生层次，并实地测量。同时，对每个发生层的颜色、干湿度、质地、结构、松紧度、孔隙度、植物根系、侵入体做好记录。

（3）土壤样品采集及处理。土壤样品采集主要是在剖面上进行，首先挖开剖面至母质层，并进行量测与分层描述，然后刨掉表面一层枯枝落叶层，在每层次的中间处分别采集，每层采样约 1 kg。采集时应由下而上，并除去大的石子和明显的植物根系等杂物。土样采装好后，填写采土标签。所采样品带回室内后，当天就要倒出风干，以免霉烂变质，然后根据不同的测试需要进行相应的前期处理。

（4）土壤理化实验。地质基底影响着土壤发育过程和决定土壤的理化性质，并形成不同的土壤类型，岩溶区的土壤主要为石灰土，而非岩溶区主要为棕黄壤。岩溶区域成土速度慢，土层薄，保水性差，易于发生水土流失；非岩溶区域成土速度较快，发育的土层厚，土壤黏性好，保水作用良好。土壤的理化性质决定着土壤肥力状况，土壤肥力又影响植被的生长情况，最终决定自然地理环境特征。为了探明岩溶和非岩溶区域土壤性质的差异性，对野外采集的土壤样品进行实验室测定。测定的项目为：土壤质地、水分、pH 值、有机质、水解性氮、速效磷、速效钾等指标测试，进而做土壤肥力评定与对比分析。各指标测试方法如表 3.3.1 和表 3.3.2。

第五节 岩溶与非岩溶的植被对比观测

不同地质背景下的土壤肥力不同，生长的植被类型及其覆盖度皆出现明显差异，是导致自然生态系统分异主要原因。实习的选样地的原则大体和土壤相同，在样区内所选两个样点都应分别位于在岩溶区域和非岩溶区域的某一岩组地层，岩溶样点应具有较典型的岩溶地貌特征，非岩溶样点也应具有较典型的非岩溶地貌特征。为了尽量避免其他因素的干扰，所选两点接近同一海拔、同一坡向和同一坡度。

（1）样点选取。在调查范围内选取生物、土壤等尽量没有人为因素影响，植物生长比较均匀，且有代表性的地段作为样地。

（2）样方规格。样地面积的大小因为植物群落类型的不同而改变，凯里舟溪位于贵州省东南部，属于亚热带湿润季风气候。因而选择 500 m^2，即 20 m × 25 m 的长方形样方。

（3）植物标本采集。由于野外不能识别所有植物，对可以准确确认的植物直接做好标记，对于乔木层植物要逐一测出胸径、高度、数目并及时做好详细记录；对于不能确定的植物采取采集标本后到实验室鉴定分析。

（4）植物标本鉴定。如前所述，对于标本要仔细观察，注意对其根、茎、叶、花和果实等部位的观察，对繁殖器官要更加仔细，借助放大镜或解剖显微镜，观察花等的形态构造。再查阅全国性或地方性植物文献，加以分析对照。在核对文献时，首先应查阅植物分类学著作，如《中国植物志》《中国高等植物图鉴》等，以及有关的地区性植物志及原始文献。在核对标本时，要注意同种植物在不同生长期的形态差异，需要参考更多标本，才能使鉴定的学名准确。对一些难以定名的标本，可寄请专家或植物分类研究单位协助鉴定。

第五章

野外工作基本方法与技能

第一节　地形图的判读方法

　　地形图是表示地形、地物的平面图件，是用测量仪器把实际测量出来，并用特定的方法按一定比例缩绘而成的。它是地面上地形和地物位置实际情况的反映。地形图上表示地形的方法很多，最常用的是以等高线表示地形起伏，并用特定的符号表示地物，一般的地形图都是由等高线和地物符号所组成。

　　地形图对野外地理工作具有重要意义，是野外地理工作必不可少的工具之一。因为借助地形图可对一个地区的地形、地物、自然地理等情况有初步的了解，甚至能初步分析判断某些地质情况，地形图还可以帮助我们初步选择工作路线，制订工作计划。此外，地形图是地质图之底图，地理工作者是在地形图上描绘地质图的，没有地形图作底图的地质图是不完整的地质图，它不能提供地质构造的完整和清晰的概念。因而，在野外地理工作之前要懂得地形图，会使用地形图。

一、地形图的内容和表示方法

（一）比例尺是实际的地形情况在图上缩小的程度

　　地面上地形与地物不可能按实际大小在图上绘出，而必须按一定比例缩小，因此地形图上的比例尺也就是地面上的实际距离缩小到图上距离之比数，一般有数字比例尺、线条比例尺和自然比例尺，往往标注在地形图图名下面或图框下方。

　　（1）数字比例尺是用分数表示，分子为 1，分母表示在图上缩小的倍数，如万分之一则写成 1∶10 000，二万五千分之一写成 1∶25 000。

　　（2）线条比例尺或称图示比例尺，标上一个基本单位长度所表示的实地距离。

　　（3）自然比例尺：把图上 1 厘米相当实地距离多少直接标出，如 1 厘米 = 200 米。

　　此外，比例尺的精度也是一个重要的概念。人们一般在图上能分辨出来的最小长度为 0.1 毫米，所以在图上 0.1 毫米长度按其比例尺相当于实地的水平距离称为比例尺的精度。例如比例尺为 1∶1 000，其 0.1 毫米代表实地 0.1 米，故 1∶1 000 之地形图其精度为 0.1 米。从比例尺的精度看出不同比例尺的地形图所反映的地势的精确程度是不同的，比例尺越大，所反映的地形特征越精确。

（二）地形的符号：一般用等高线表示

1. 等高线的含义及其特征

等高线是地面同一高度相邻点之连线，等高线的特点为：

（1）同线等高。即同一等高线上各点高度相同。

（2）自行封闭。各条等高线必自行成闭合的曲线，若因图幅有限不在本幅闭合必在邻幅闭合。

（3）不能分叉，不能合并。即一条等高线不能分叉成两条，两条等高线不能合并成一条（悬崖、峭壁例外）。

等高线是反映地形起伏的基本内容，从这一意义上说，地形图也就是等高线的水平投影图。黄海平均海平面是计算高程的起点，即等高线的零点。按此可算出任何地形的绝对高程。

等高距——切割地形的相邻两假想水平截面间的垂直距离。在一定比例尺的地形图中等高距是固定的。等高线平距——在地形图上相邻等高线间的水平距离，它的长短与地形有关。地形坡缓，等高线平距长，反之则短。

2. 各种地貌用等高线表示的特征

（1）山头与洼地　从图 5.1.1 中可见山头与洼地部是一圈套着一圈的闭合曲线。但它们可根据所注的高程来判别。封闭的等高线中，内圈高者为山峰，如图 5.1.1 中 A 处。反之则为洼地，如图 5.1.1 中 B 处。两个相邻山头间的鞍部，在地形图中为两组表示山头的相同高度的等高线各自封闭相邻并列，其中间处为鞍部，如图 5.1.1 中 C 处。两个相邻洼地间为分水岭，在图上为两组表示凹陷的相同高度等高线各自封闭，相邻并列，如图 5.1.1 中 D 处。

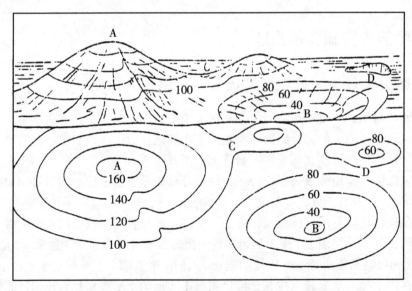

图 5.1.1　山头与洼地的等高线特征

（2）山坡 山坡的断面一般可分为直线（坡度均匀）、凸出、凹入和阶梯状四种。其中等高线平距之稀密分布不同。均匀坡：相邻等高线平距相等。凸出坡：等高线平距下密上疏。凹入坡：等高线平距下疏上密。阶梯状坡：等高线疏密相间，各处平距不一。

（3）悬崖、峭壁 当坡度很陡成陡崖时等高线可重叠成一粗线，或等高线相交，但交点必成双出现。还可能在等高线重叠部分加绘特殊符号。

（4）山脊和山谷 如图 5.1.2 所示，山谷和山脊几乎具有同样的等高线形态，因而要从等高线的高程来区分，表示山脊的等高线是凸向山脊的低处，如图 5.1.2 中 A 处。表示山谷的等高线则凸向谷底的高处，如图 5.1.2 中 B 处。

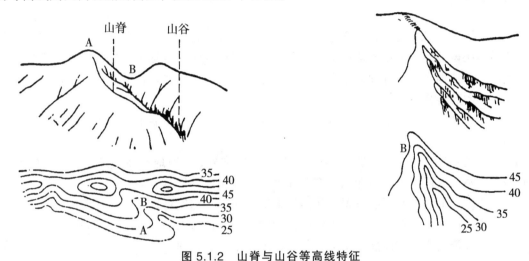

图 5.1.2　山脊与山谷等高线特征

（5）河流 当等高线经过河流时，不能垂直横过河流，必须沿着河岸绕向上游，然后越过河流再折向下游离开河岸，如图 5.1.3。

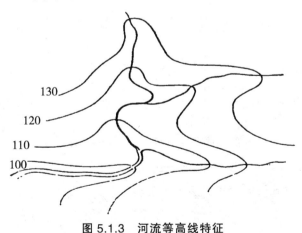

图 5.1.3　河流等高线特征

3．地物符号

地形图中各种地物是以不同符号表示出来的，有以下 3 种：

（1）比例符号。是将实物按照图的比例尺直接缩绘在图上的相似图形，所以也称为轮廓符号。

（2）非比例符号。当地物实际面积非常小，以致不能用测图比例尺把它缩绘在图纸上，常用一些特定符号标注出它的位置。

（3）线性符号。长度按比例而宽窄不能按比例的符号，某种地物成带状或狭长形，如铁路、公路等，其长度可按测图比例尺缩绘，宽窄却不按比例尺。以上3种类型并非绝对不变，对于采用哪种符号取决于图的比例尺，并在图例中标出。

二、读地形图

阅读地形图的目的是了解、熟悉工作区的地形情况，包括对地形与地物的各个要素及其相互关系的认识。因而不单要认识图上的山、水、村庄、道路等地物、地貌现象，而且要能分析地形图，把地形图的各种符号和标记综合起来连成一个整体，以便利用地形图为地质工作服务。读图的步骤如下：

（1）读图名。图名通常是用图内最重要的地名来表示。从图名上大致可判断地形图所在的范围。

（2）认识地形图的方向。除了一些图特别注明方向外，一般地形图上方为北，下方为南，右面为东，左面为西。有些地形图标有经纬度，则可用经纬度定方向。

（3）认识地形图图幅所在位置。从图框上所标注的经纬度可以了解地形图的位置。

（4）了解比例尺。从比例尺可了解图面积的大小，地形图的精度以及等高线的距离。

（5）结合等高线的特征读图幅内山脉、丘陵、平原、山顶、山谷、陡坡、缓坡、悬崖等地形的分布及其特征。

（6）结合图例了解该区地物的位置，如河流、湖泊、居民点等的分布情况，从而了解该区的自然地理及经济、文化等情况。如图 5.1.4 所示为某地区地形图。

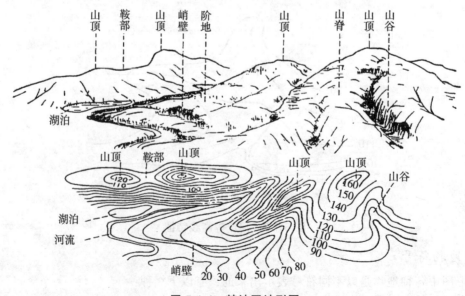

图 5.1.4　某地区地形图

三、利用地形图制作地形剖面图

地形剖面图是以假想的竖直平面与地形相截而得的断面图。截面与地面的交线称剖面线。地质工作者经常要作地形剖面图，因为地质剖面与地形剖面结合在一起，才能更真实地反映地质现象与空间的联系情况。地形剖面图可以根据地形图制作出来，也可在野外测绘。

1. 利用地形图制地形剖面图

（1）在地形图上选定所需要的地形剖面位置。如图 5.1.5，绘出 AB 剖面线。

（2）作基线。在方格纸上的中下部位画一直线作为基线 A′B′，定基线的海拔高度为 0，亦可为该剖面线上所经最低等高线之值。如图为 500 m。

（3）作垂直比例尺。在基线的左边作垂线 A′C′，令垂直比例尺与地形图比例尺一致，则作出的地形剖面与实际相符。如果是地形起伏很和缓的地区，为了特殊需要也可放大垂直比例尺，使地形变化显示得明显些。

（4）垂直投影，将方格纸基线 A′B′ 与地形图 AB 相平行，将地形图上与 AB 线相交的各等高线点垂直投影到 A′B′ 基线上面各相应高程上，得出相应的地形点。剖面线的方向一般规定左方就北就西，而剖面的右方就东就南。

（5）连成曲线。将所得之地形点用圆滑曲线逐点依次连接而得地形轮廓线。

（6）标注地物位置、图名、比例尺和剖面方向，并加以整饰，使之美观。

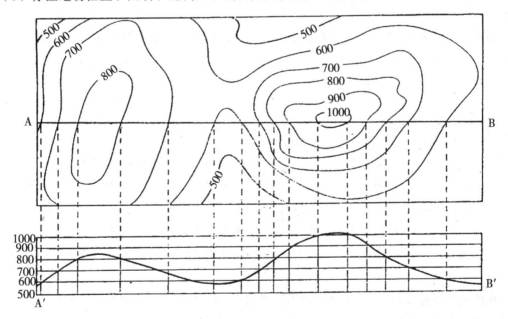

图 5.1.5　利用地形图作地形剖面线

2. 野外测绘地形剖面图

在做路线地质工作时常常要求能够在现场勾绘出地形剖面，以便在地形剖面图上反映路线地质的情况。首先要确定剖面起点、剖面方向、剖面长度，并根据精度要求确定剖面的比例尺。绘制步骤与前一方法相似。差别在于水平距和高差是靠现场观测来确定。这时确定好水平距离和高差便成为画好地形剖面的关键。当剖面较短时，水平距离和高差可以丈量或步测，剖面较长时，只能用目估法或参考地形图来计算平距与高差或根据气压计来计算高程。勾画地形剖面一般是分段进行，即观测一段距离后就勾画一段。否则容易画错、失真，如果技巧熟练，地形不复杂时，也可一气呵成。

四、利用地形图在野外定点

在野外工作时，经常需要把一些观测点（如地质点、矿点、工点、水文点等）较准确地标绘在地形图中，区域地质测量工作中称为定点。利用地形图定点一般有两种方法。

1. 目估法

在精度要求不很高时（在小比例尺填图或草测时）可用目估法进行定点，也就是说根据测点周围地形、地物的距离和方位的相互关系，用眼睛来判断测点在地形图上的位置。

用目估法定点时首先在观测点上利用罗盘使地形图定向，即将罗盘长边靠着地形图东边或西边图框，整体移动地形图和罗盘，使指北针对准刻度盘的 0 度，此时图框上方正北方向与观测点位置的正北方向相符，也就是说此时地形图的东南西北方向与实地的东南西北方向相符。这时一些线性地物如河流、公路的延长方向应与地形图上所标注的该河流或公路相平行。

在地形图定向后，注意找寻和观察观测点周围具有特征性的在图上易于找到的地形地物，并估计它们与观测点的相对位置（如方向、距离等）关系，然后根据这种相互关系在地形图上找出观测点的位置，并标在图上。

2. 交会法

在比例尺稍大的地质工作中，精度要求较高则需用交会法来定点。

首先要使地形图定向（方法与目估法相同），然后在观测点附近找三个不在一直线上且在地形图上已表示出来的已知点，如三角点、山顶、建筑物等，分别用罗盘测量观测点在它们的什么方向。此时罗盘之对物觇板对着观测者（因观测者所定位置是未知数），竖起砧觇板小孔觇板通过小孔和反光镜之中线再瞄所选之三角点或山头，当三点联成直线且水泡居中时读出指北针所指读数即为该测线之方位，即观测点位于已知点的什么方向，将三条测线方位记录之。

在图上找到各已知点，用量角器作图，在地形图上分别绘出通过三个已知的三条测线，三条测线之交点应为所求之测点位置。如三条测线不相交于一点（因测量误差）而交成三角形（称为误差三角形），测点位置应取误差三角形之小点。具体应用此法时应注意两点：

（1）量测线方向时如罗盘砧觇板对着已知点瞄准则指南针所指读数为所求观察点之方位。指北针所指读数则是已知点位于此观测点之方向。为了避免混乱，一般采用罗盘对物砧觇板对着未知数（所求点之方向）读指北针。

（2）用量角器将所测的测线方向画在图上时应注意采用地理坐标而不是按罗盘上所注

方位。实际工作时往往将目估法和交会法同时并用，相互校正，使点定得更为准确。例如用三点交会法画出误差三角形后，用目估法找出测点附近特殊之地形物和高程来校对点之位置。

第二节　地质图的判读方法

一、地质图的概念

用规定的符号、色谱和花纹将某一地区的各种地质体和地质现象（如各种岩层、岩体、地质构造、矿床等的时代、产状、分布和相互关系），按一定比例缩小并概括地投影到平面图上，这种图件就是地质图。地质图按比例尺大少可分：小比例尺地质图（比例尺<1：50 万）、中比例尺地质图（比例尺 1：20 万～1：10 万）和大比例尺地质图（比例尺>1：5 万）。

一幅地质图所反映的地质内容是相当丰富的。从观察内容上，先从地形入手，然后在观察地层、岩性、构造、地貌等；从观察方法上，采用一般—局部—整体的分析步骤，首先了解图幅内一般概况，然后分析局部地段的地质特征，逐渐向外扩展，最后建立图幅内宏观地质规律性的整体概念。对土壤专业来说，应着重分析岩性和地质构造对地形、水文和土壤母质分布的影响。

二、阅读地质图的步骤和方法

1. 看图名和方位

从图名、图幅代号和经纬度可了解该图幅的地理位置和图的类型。例如，贵州省地质图、贵州省第四纪地质和工程地质图等，图名列于图幅上方图框外正中部位，经纬度标于图框边缘。一般地质图图幅是上北下南，左西右东，特殊情况也有用箭头指示方位的。一幅地质图一般是选择图面所包含地区中最大居民点或主要河流、主要山岭等命名的。

分析图内的地形特征有的地质平面图往往绘有等高线，可以据此分析山脉的延伸方向、分水岭所在、最高点、最低点、相对高差等。如不带等高线，可以根据水系的分布来分析地形特点，一般河流总是从地势高处流向地势低处，根据河流流向可判断出地势的高低起伏状态。

2. 看比例尺

比例尺一般注在图框外上方图名之下或下方正中位置。比例尺一般有两种表示方法：一种是数字比例尺，它是表示地面实际距离被缩小的倍数，如 1：50 000，即图上 1 cm 相当于地上 50 000 cm 或 500 m 或 0.5 km；直线比例尺是把图上一定距离相当于实际的距离用直线表示出来。比例尺反映了图幅内实际地质情况的详细程度，比例尺愈大，制图精度愈高，反映地质情况也愈详尽。此外，图框的右下方注明编图单位或人员、编图日期及资料来源，以了解资料的新旧和质量。

3. 读图例

地质图上各种地层、岩层的性质和时代以及构造等都有统一规定的颜色和符号。一幅地质图上，有其所表示的地质内容和图例。图例通常放在图框外的右边，也放在图框内的空白处。图例包括地层图例和构造图例两方面。

地层图例是把该图幅出露的地层由新到老，从上到下顺序排列，用标有各种地层的相应符号和颜色的长方形格子表示，长方格子的左边注明地层时代系统，右边注明主要岩性；岩浆岩体的图例按酸性到基性的顺序排列在地层图例之下。构造图例就是用不同线条、符号所表达的地质构造的内容和意思，如岩层的产状要素、断层的种类等，构造图例常放在地层图例之后。地形图例一般不标在地质图上。

4. 读地层柱状图

地层柱状图也叫综合地层柱状图，置于图框外的左侧，它是按工作区所出露的地层新老叠置关系综合出来的、具代表性的柱状剖面图。柱状图中地层自上而下，由新到老顺序排列，各地层的岩性用规定的花纹表示，另栏注明各地层单位的厚度和相邻地层的接触关系；喷出岩或侵入岩按其时代与围岩接触关系绘在柱状图里。

柱状图的左栏是界、系、统、介或群、组、段、带等地层单位，并注有相应的地层代号。

柱状图的右栏是简要的岩性描述有关化石、地貌、水文和矿产等，可各设专栏，也可一并放在岩性描述栏中。

5. 读地质断面图

地质断面图也有叫地质剖面图的，就是在地质图上选一条尽可能穿越不同地形、地层和构造状况的有代表性的直线，把该线段上的地形、岩层和构造等用二维的垂直断面图的形式表示之。

地质断面图置于图框外的下方，一幅地质图可设一个或若干个地质断面图，断面图的图名以断面线上主要地名写在图的上方正中，或以断面线代号表示之，断面线代号就是用细线条画出在地质图上的线段两端的代号，如 A—B 等，它表明地质断面图在地质图上的位置。

地质断面图的比例尺有水平比例尺和垂直比例尺两种，水平比例尺一般与地质图的比例尺一致，垂直比例尺通常大于水平比例尺，后来标在断面图左右两侧的边框上。

各地层的代号标注在剖面线出露的相应地层的上面或下面，地层的符号（花纹）和色谱应与地质图一致，其图例放在地质剖面图框的下方正中。

断面图的两端上方要注明断面线方向，用方位角表示。断面线所经过的主要山岭、河流、村镇等地名应注在断面地形上相应的位置。

6. 地质图的综合分析

在熟悉了上述各种图例的基础上，即可转向图面观察，一幅地质图所反映的地质内容是相当丰富的。从观察内容上先从地形入手，然后再观察地层、岩性、构造、地貌等；从观察方法上，采用一般—局部—整体的分析步骤，首先了解图幅内一般概况，然后分析局部地段的地质特征，逐渐向外扩展，最后建立图幅内宏观地质规律性的整体概念。

分析图内的地形特征，如果是大比例尺地质图，往往带有等高线，可以据此分析一下山脉的一般走向、分水岭所在、最高点、最低点、相对高差等。如果是不带等高线的小比例尺地质图，一般只能根据水系的分布来分析地形的特点，如：巨大河流的主流总是流经地势较低的地方，支流则分布在地势较高的地方；顺流而下地势越来越低，逆流而上越来越高；位于两条河流中间的分水岭地区总是比河谷地区要高，等等。了解地形特征，可以帮助了解地层分布规律、地貌发育与地质构造的关系等。

分析地质内容应当按照从整体到局部再到整体的方法，先了解图内一般地质情况，例如：

（1）地层分布情况，老地层分布在哪些部位，新地层分布在哪些部位，地层之间有无不整合现象等。

（2）地质构造总的特点是什么，如褶皱是连续的还是孤立的，断层的规模大小，它发育在什么地方，断层与褶皱的关系怎样，是与褶皱方向平行还是垂直或斜交，等等。

（3）火成岩分布情况，火成岩与褶皱、断层的关系怎样。

褶皱构造的表现：地层对称分布，中间地层较新为向斜；地层对称分布，中间地层较老为背斜。如地层依次出露顺序为 C—D—S—D—C，中间地层较老，为背斜构造。

断层在地质图上用红线表示，红色虚线表示推测断层。在地质图上，地层错开是断层的重要标志。

把各个局部联系起来，进一步了解整个构造的内部联系及其发展规律，主要包括：

（1）根据地层和构造分析，恢复全区的地质发展历史。

（2）地质构造与矿产分布的关系。

（3）地质构造与地貌发育的关系，等等。

第三节　地质罗盘的使用方法

一、地质罗盘基本构造

如图5.3.1，地质罗盘主要由磁针、磁针制动器、刻度盘、测斜器、水准器和瞄准器等构成。

磁针：一两端尖的磁性钢针，其中心放置在底盘中央轴的顶针上，以便灵活地摆动。由于我国位于北半球，磁针两端所受地磁场吸引力不等，产生磁倾角。为使磁针处于平衡状态，在磁针的南端绕上若干圈铜丝，用来调节磁针的重心位置，亦可以此来区分指南和指北针。

磁针制动器：在支撑磁针的轴下端套着的一个自由环。此环与制动小螺纽以杠杆相连，可使磁针离开转轴顶针并固结起来，以便保护顶针和旋转轴不受磨损，保持仪器的灵敏性，延长罗盘的使用寿命。

刻度盘：分内（下）和外（上）两圈，内圈为垂直刻度盘，专作测量倾角和坡度角之用，以中心位置为0°，分别向两侧每隔10°一记，直至90°。外圈为水平刻度盘，其刻度方式有两种，即方位角和象限角，随不同罗盘而异，方位角刻度盘是从0°开始，逆时针方向每隔10°一记，直至360°。在0°和180°处分别标注 N 和 S（表示北和南），90°和270°处分别标注 E 和 W（表示东和西），如图所示。象限角刻度盘与它不同之处是 S、N 两端均记作0°，E 和 W 处均记作90°，即刻度盘上分成0°~90°的4个象限。

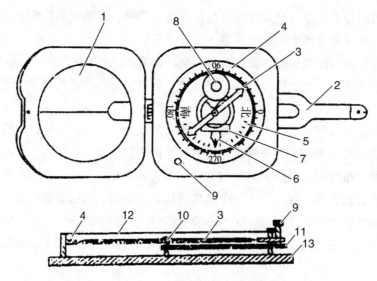

图 5.3.1　地质罗盘仪构造图

1—反光镜；2—瞄准觇板；3—磁针；4—水平刻度盘；5—垂直刻度盘；6—测斜指示针（或悬锤）；7—长方形水准器；8—圆形水准器；9—磁针制动器；10—顶针；11—杠杆；12—玻璃盖；13—罗盘底盘

注意：方位角刻度盘为逆时针方向标注。两种刻度盘所标注的东、西方向与实地相反，其目的是测量时能直接读出磁方位角和磁象限角，因测量时磁针相对不动，移动的却是罗盘底盘。当底盘向东移，相当于磁针向西偏，故刻度盘逆时针方向标记（东西方向与实地相反）所测得读数即所求。在具体工作中，为区别所读数值是方位角或象限角，可按下述方法区分：如图 5.3.2A 与 B 的测线位置相同，在方位角刻度盘上读作 285°，记作 NW285°或记作 285°，在象限角刻度盘上读作北偏西 75°，记作 N75°W。如果两者均在第一象限内，例如 50°，而后者记作 N50°E 以示区别（图 5.3.2A、B，表 5.3.1）。

测斜指针（或悬锤）：测斜器的重要组成部分，它放在底盘上，测量时指针（或悬锤尖端）所指垂直刻度盘的度数即为倾角或坡度角的值。

水准器：罗盘上通常有圆形和管形两个水准器，圆形者固定在底盘上，管状者固定在测斜器上，当气泡居中时，分别表示罗盘底盘和罗盘含长边的面处于水平状态。但如果测斜器是摆动式的悬锥，则没有管状水准器。

瞄准器：包括接目和接物觇板、反光镜中的细丝及其下方的透明小孔，是用来瞄准测量目的物（地形和地物）的。

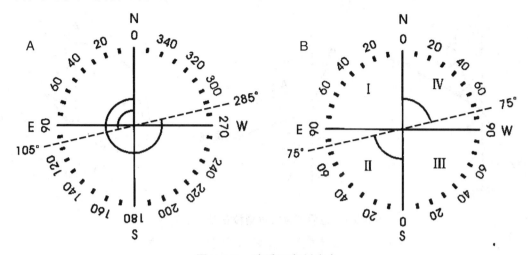

图 5.3.2　地质罗盘刻度盘

A 为方位角刻度盘，B 为象限角刻度盘

表 5.3.1　象限角与方位角之间关系换算表

象限	方位角度数	象限角（γ）与方位角（A）之关系	象限名称
I	0～90°	$\gamma = A$	NE 象限
II	90°～180°	$\gamma = 180° - A$	SE 象限
III	180°～270°	$\gamma = A - 180°$	SW 象限
IV	270°～360°	$\gamma = 360° - A$	NW 象限

使用方法：在使用前需作磁偏角的校正，因为地磁的南、北两极与地理的南、北两极位置不完全相符，即磁子午线与地理子午线不重合，两者间夹角称磁偏角。地球上各点的磁偏角均定期计算，并公布以备查用。当地球上某点磁北方向偏于正北方向的东边时，称东偏（记为+），偏于西边时，称西偏（记为－）。如果某点磁偏角（δ）为已知，则一测线的磁方位角（$A_{磁}$）和正北方位角（A）的关系为 $A = A_{磁} \pm \delta$。如图 5.3.3A 表示 δ 东偏 30°，且测线所测的角亦为 NE30°时，则 $A = 30° + 30° = $ NE60°；图 5.3.3B 表示 δ 西偏 20°，测线所测角为 SE110°，则 $A = 110° - 20° = 90°$。为工作上方便，可以根据上述原理进行磁偏角校正，磁偏角偏东时，转动罗盘外壁的刻度螺丝，使水平刻度盘顺时针方向转动一磁偏角值则可（若西偏时则逆时针方向转动）。经校正后的罗盘，所测读数即为正确的方位。

在对方向或目的物方位进行测量时即测定目的物与测者两点所连直线的方位角。方位角是指从子午线顺时针方向至测线的夹角（如图 5.3.3C 所示）。首先放松磁针制动小螺纽，打开对物觇板并指向所测目标，即用罗盘的北（N）端对着目的物，南（S）端靠近自己进行瞄准。使目的物、对物觇板小孔、盖玻璃上的细丝三者连成一直线，同时使圆形水准器的气泡居中，待磁针静止时，指北针所指的度数即为所测目标的方位角。

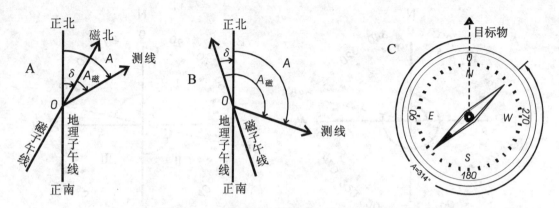

图 5.3.3　地质罗盘方位角校正及其使用图示

A 为磁偏角东偏，B 为磁偏角西偏，C 为罗盘仪测量目的物方位

二、岩层产状要素的测定

岩层的空间位置决定于其产状要素，岩层产状要素包括岩层的走向、倾向和倾角（见图 5.3.4）。

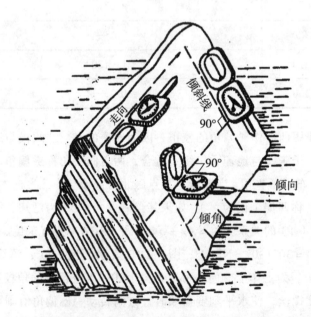

图 5.3.4　岩层产状要素及其测量方法

1. 岩层走向测量

岩层走向是岩层层面与水平面相交线的方位，测量时将罗盘长边的底棱紧靠岩层层面，

当圆形水准器气泡居中时读指北或指南针所指度数即所求（因走向线是一直线，其方向可两边延伸，故读南、北针均可）。

2. 岩层倾向测量

岩层倾向是指岩层向下最大倾斜方向线（真倾向线）在水平面上投影的方位。测量时将罗盘北端指向岩层向下倾斜的方向，以南端短棱靠着岩层层面，当圆形水准器气泡居中时，读指北针所指度数即所求。

3. 岩层倾角测量

岩层倾角是指层面与假想水平面间的最大夹角，称真倾角。真倾角可沿层面真倾斜线测量求得，若沿其他倾斜线测得的倾角均较真倾角小，称为视倾角。测量时将罗盘侧立，使罗盘长边紧靠层面，并用右手中指拨动底盘外之活动扳手，同时沿层面移动罗盘，当管状水准器气泡居中时，测斜指针所指最大度数即岩层的真倾角。若测斜器是悬锤式的罗盘，方法与上基本相同，不同之处是右手中指按着底盘外的按钮，悬锤则自由摆动，当达最大值时松开中指，悬锤固定所指的读数即岩层的真倾角。

4. 岩层产状记录方法

如用方位角罗盘测量，测得某地层走向是330°、倾向为240°、倾角为50°，记作330°/SW∠50°，或记作240°∠50°(即只记倾向与倾角即可)。如果用方位角罗盘测量但要用象限角记录时，则需把方位角换算成象限角，再作记录。如上述地层产状其走向应为$\gamma = 360° - 330° = 30°$，倾向$\beta = 240° - 180° = 60°$。其产状记作 N30°W/SW∠50°，或直接记作 S60°W∠50 则可。在地质图或平面图上标注产状要素时，需用符号和倾角表示。首先找出实测点在图上的位置，在该点按所测岩层走向的方位画一小段直线（4 mm）表示走向，再按岩层倾向方位，在该线段中点作短垂线（2 mm）表示倾向，然后，将倾角数值标注在该符号的右下方。

第四节　地质剖面野外实测方法

一、实测剖面的目的及剖面位置的选择

在某一地段内，沿一定方位实际测量和编制地质剖面图是一项重要的基础地质研究工作，也是对工作区内地层时代、层序、岩性特征、厚度、古生物演化特征、含矿层位和接触关系等进行综合研究的手段。

在实测剖面工作中，凡是剖面线所经过的所有地质现象都要进行观察描述，各种地质数据和资料都要进行测量和收集，所涉及的地质问题都要详细进行研究。包括：沿剖面线的地

形变化；各时代地层的岩性特征及厚度；古生物化石层位及所含化石的种属特点；地层的接触关系；系统采集岩石标本及化石标本，采集各种分析样品待室内进行分析研究；有时要有专门人员进行地球物理及放射性测量等项工作。

在此基础上，进行该区地质发展史的研究，以恢复古地理、古气候的特征，推断地壳运动的时期及特点，通过不同地质剖面的对比，研究同一时期不同地区的地质环境的变化，等等。因此，许多专门性的研究工作也都要通过实测一定数量的地质剖面来完成。

在地质测量工作中，通过实测剖面系统掌握测区内上述资料的基础上，详细而准确地划分地层，确定填图单位，明确分层标志，为顺利开展地质测量做好基础工作。在踏勘测区的基础上，选择几条典型的剖面进行实测和研究，是地质测量工作的重要内容。为了使实测剖面顺利而有效地进行，选择好剖面线的位置是很重要的。

选择剖面线有以下几点要求：

（1）剖面线要通过区内所有地层，也就是说，在剖面线最短的情况下，通过的地层越全越好。剖面线应尽可能垂直于岩层走向。有时一条剖面不能包括所有地层，这时可分几个剖面进行测量，然后综合成一个连续剖面。所测每一时代地层最好要有顶面和底面，选择发育好、厚度最大的地段。以解决地层问题为目的的剖面，最好选择结构比较简单，尽可能不受断层、褶皱及岩体干扰的剖面。如果以解决构造问题为主，所选剖面应反映测区的主要构造特征，剖面线要垂直主要的褶皱轴线和断层走向。

（2）剖面线经过地段露头要好，尽可能选择连续山脊或沟谷。避开障碍物，减少平移。为使制图整理方便，剖面线尽量取直，避免拐折太多。

（3）根据对剖面研究的精度要求，确定剖面比例尺。如果要求将出露 1 m 宽的岩性单位划分并表示出来，就应选取 1∶1 000 的比例尺绘制；如果要求将出露 2 m 宽的岩性单位划分并表示出来，则应选取 1∶2 000 的比例尺绘制，等等。所以，在实测剖面过程中，凡是在图上能表示 1 mm 宽度的岩性单位都要划分出来，而有特殊意义的矿层、标志层等，即使在图上表示不足 1 mm，也应放大至 1 mm 夸大表示。

（4）剖面的起点与终点应作为地质点，标定在地形图上。

二、实测剖面的野外工作

剖面测量方法有直线法和导线法。如果剖面较短，地形简单，利用直线法便于整理。如果剖面较长，且地形变化较复杂时，一般用导线法进行。

野外工作有地形及导线测量、岩性分层、测量岩层产状、观察描述、填写记录表格、绘制野外草图、采集标本及取样等。

一般需要 3~5 人，最好 5~7 人（包括前测手、后测手、分层员、记录员和采样员等）共同测制一条剖面，分工合作，互相配合。

1. 测量导线方位、导线斜距及地形坡度角

此项工作由前、后测手（各 1 人，二人身高最好一样）来完成。一般用 50 m、100 m 长的测绳，后测手持 0 m 端，前测手持另一端。测量开始时，后测手站定剖面起点，前测手向剖面终点方向前进，待到地形起伏变化处则停止。两人将测绳拉直，此时，前测手向记录员报告导线斜距——测绳终点所记米数。前测手应当注意寻找地形恰当的位置作为导线终点，有时需前后照应，尽量选择地形起伏的折点部位，如沟底、山顶等，使每一导线尽量放长，减少导线次数，加快工作进度，降低整理的工作量。

前后测手共同测量导线方位和地形坡度角，导线方位是指导线的前进方向，用方位角记数。前后测手测量误差小于 2°～3°，取其平均值记入记录表格中。

地形坡度的测量是利用罗盘测斜仪，前后测手分别瞄准对方相同高度部位，使视线与地面平行一致，多测几次，前后校正，开始读数。以后测手为准，仰角为"+"，俯角为"-"，测准后将角度连同"+"或"-"号一同报告给记录员，记入表格中。

2. 观察、描述及分层

观察、描述及分层（1～2 人）是实测面的中心工作，一切都围绕其进行，所以一般都由工作细心、经验丰富的人员承担。

分层是根据岩石的岩性、颜色、成分、结构、构造上的差异性特征，按照比例尺的精度要求，划分出不同的岩石单位，在分层处做好标记，并且将分层的位置在导线上读出，报告给纪录员记入表格中。

首先确定沉积岩大类，然后根据具体特征边观察边描述，准确定名，详细描述、记录。此项工作，最好两人互相研究，共同切磋，取样人员可同时配合，采集地层标本和各种样品。要注意分层准确合理，有时无须将岩层分得过细，但有时对于有特殊意义的岩层、矿层又必须详细地划分，待室内整理时再行取舍。

分层人员要及时向记录人员报告分层位置、层号及岩性定名，当一导线工作完毕及时指挥测手前进。

重要的地质现象要作素描图或照像。对一些出露不好而又关键的地段，要向导线两侧追踪补充描述，必要时可将导线附近的地质界限沿走向平移至导线上来。如果附近不可见或难于平移时，则须动简单山地工程，清理出露头以便观察。

3. 标本和样品的采集及编号

原则上对所分层岩层应逐层取样，其中包括地层标本、古生物化石标本、岩石薄片标本、矿石光片标本、岩石化学分析样品、人工重砂样、同位素年龄样、古地磁样等等。对重点层位要加密采样。根据地质测量规范的要求而定取样项目。

标本及样品一定要准确系统编号，填好标本签，并用标本纸包装起来。所有的标本及样品编号不准重复。一般编号要有剖面代号、层号、标本及样品类型（如薄片标本、化学分析样等）、标本的序号等。

采集标本及样品的注意事项：

（1）一定要在真正露头上采集样品及标本，不能用转石代替。

（2）取样位置要准确，在测绳上读准斜距记入表格中。

（3）标本与样品一定要取新鲜岩石，规格视需要而定，一般情况下标本规格为 $3 \times 6 \times 9$ cm^3 或 $2 \times 4 \times 6$ cm^3，特殊样品可大一些或小一些。标本上用白胶布贴好、写上记录编号，或者用记号笔直接写在标本上。回室内最好涂上白漆，用墨笔编号、包装。负责采样人员，要逐层测量岩层产状，报告记录员填入表中。

4. 填写记录表格

实测剖面需要在野外填记专用的记录表格。

表格内除各项水平距、高差、累积高差、产状视倾角、分层厚度等项待室内整理时，经计算或查有关表格填入外，其余各项均应在野外准确无误填写。

导线号要写导线起始点的位置编号，如第一根导线为 0—1，第二条为 1—2，等等。

导线方位角是记录后测手所测定的导线前进的方位，注意不要把方位记反。

各项地质内容的记录都要与分层号相对应，如斜距起止点，是指所分这一层在该导线测绳范围内的具体起终数字，如 22—43。

地形坡度角要以后测手为准，倾角为"+"或"-"。

其他各项要准确填写不得遗漏，记录人员要及时向各工作人员询问所测数据及记录内容，分层人员得知记录员已将表格填写无误后，方可指挥测手移动测绳，记录员应起到监督作用，保证质量。

5. 绘制草图

实测剖面需要在野外填记专用的记录表格。

在实测剖面中，应现场绘制草图，包括平面图和剖面图，以便在室内整理时参考。

1）野外平面图的绘制方法

首先大体确定剖面的总方位，可在野外大体测量，也可在地形图上用量角器量得设计剖面的总方位。以图纸的横线作为该剖面的总方位线，在图纸的上方标明北的方向（N）。在图纸上确定剖面的起始位置，一般图纸的右端为东或南，左端为西或北。如剖面的总方向为 NW310°，则在图纸上应将 130°方向放于右方，而 310°方向放于左方，这样有利于与地形图相对应。

开始，在图纸上剖面起点处沿导线方位角画一射线，在该射线上截取出导线水平距[根据导线斜距及地形坡度角求出水平距 $D = (L_1 - L_2)\cos\beta$，或者按比例用作图法求出]。将导线起止点标好序号，按照导线顺序一一作出。在各导线上，按照分层水平距截取各分层位置，每分层段内要标好分层号。在适当位置标记产状符号、古生物化石采集部位等。导线号记在导线变换处，如有拐折，则标于导线相交角尖处，层号最好用圆圈圈起，标于分层段的中间，数字大小要一致。分层界线及产状符号等所画线的长短也要做统一规格（图 3.1.3）。

以次法连续画出各导线上内容，直到剖面终点。如果中途需要平移距离较大，则可不按作图比例尺，而在图上标明平移距离，但平移方向应准确画出。

2）剖面草图的绘制方法

在图纸上，平面图下方的适当位置绘制野外剖面草图。此时图纸的横线即为水平线，竖线则为标高（按作图比例尺）。

确定剖面的起点后，按照地形坡度角由起点作一射线，在其上按作图比例尺截取第一条导线的斜距，依此，在第一条导线的终点的地形坡度角及斜距画出第二条导线，依此类推就可以得到剖面方向上的地表地形线。在该线上截取各分层斜距，将其分层位置表明，按照实际产状，在剖面地形线下方依次绘制岩性花纹符号，标明产状及地层时代（图3.1.4）。

因为将折来折去的导线方位上的地形及地质内容，画在同一直线方向上，肯定是歪曲了实际情况，第一，剖面图的长度等于将剖面上导线展开的长度，而在剖面方向上长于导线平面图的长度。第二，剖面上的产状不应是实际倾角（当剖面线与岩层走向斜交时），而应是各导线方向上的视倾角。但是在野外现场有时来不及换算，作为野外草图这种偏差是允许的，待到最后整理成图时则会给以校正。

值得注意的是地形坡度要绘准，绘图人员应视实际情况检查测手及记录员所报坡度角的正负，在室内整理时，草图是重要的参考依据。其次不要将倾向绘反，特别是如有小型褶曲，更要细心将其正确表示在剖面图上，以免室内整理时将层序及厚度作重复计算。

三、实测剖面的室内整理

实测剖面的室内整理是很重要、很细致的一项工作，不仅是绘图方法问题，实际上是对剖面的系统研究过程。其中包括：野外所取得资料、数据及标本的系统整理；清绘平面图及剖面图；计算分层厚度；在以上整理的基础上编绘地层柱状图。

1. 野外原始资料的整理

小组成员一起核对野外记录、实测草图、岩石标本、岩性描述记录等。使各项资料完整、准确、一致，如果出现遗漏和错误，立即设法补充和更正。

整理时要鉴定化石、岩石及矿石标本，校核野外定名，确定地层时代，及时送出薄片鉴定及化学分析样品等。

在整理开始时，首先应将记录表格内空白各项经计算或查表将其填全。如：

导线水平距　　$D = (L_1 - L_2)\cos\beta$

高差　　　　　$H = (L_1 - L_2)\sin\beta$

视倾角待确定剖面图的方位之后再行换算。如最后清图的剖面方位已定，则根据剖面方向与岩层走向夹角来计算或查表，或者用赤平投影方法计算，从而将其换算成剖面方向的视倾角。

2. 岩层厚度计算

岩层厚度是指岩层顶、底面之间的垂直距离，即岩层的真厚度。

计算方法有查表法、图解法和赤平投影法，也可编程利用微型计算机求真厚度。下面仅介绍公式计算法。

在实测剖面整理中，往往利用岩层的出露宽度（分层斜距）、地形坡度、岩层产状等数据求出岩层的真厚度。公式计算法比较准确，但是比较繁琐，可用计算器计算。倾斜岩层厚度计算方法有下列 7 种情况。

（1）地面水平（$\beta \approx 0$），导线方位垂直于岩层走向，则 $H_i = L\sin\alpha$，H_i 为真厚度，L 为分层斜距，α 为岩层倾向。

（2）地面倾斜，地形坡向与岩层倾向相反，导线方向垂直于岩层走向，则 $H_i = L\sin(\alpha + \beta)$，$\beta$ 为地面坡度角。

（3）地面倾斜，坡向与倾向一致，而 $\alpha < \beta$，导线垂直岩层走向，则 $H_i = L\sin(\beta - \alpha)$。

（4）地面倾斜，坡向与倾向一致，而 $\alpha > \beta$ 导线方位垂直于岩层走向，则 $H_i = L\sin(\alpha - \beta)$。

（5）地面倾斜，坡向与倾向相反，导线方位斜交岩层走向，则

$$H_i = L(\sin\alpha\cos\beta\sin\gamma + \sin\beta\cos\alpha)$$

γ 为导线方位与岩层走向之间夹角。

（6）地面倾斜，坡向与倾向一致，而 $\alpha > \beta$ 时，方位斜交岩层走向，则

$$H_i = L(\sin\beta\cos\alpha\sin\gamma - \sin\beta\cos\alpha)$$

（7）地面倾斜，坡向与倾向一致，而 $\alpha < \beta$ 时，导线方位斜交岩层走，则

$$H_i = L(\sin\beta\cos\alpha - \sin\alpha\cos\beta\sin\gamma)$$

3. 清绘平面图和剖面图

根据野外草图和记录，最终要清绘出正规的平面图和剖面图。

首先求得合理的剖面线方位。野外所测导线拐来拐去，最终要绘制在一个方向的剖面上，一般采用投影法，选择一个对于每条导线的地质内容和地形都歪曲不大的一个方向进行投影。因此绘平面图的目的是投影剖面图，首先要选择好剖面方位，而使平面图能摆在一个恰当的位置上。

一般的选择是将剖面的起点和终点的连线方位作为剖面的方位，如果这时所有的导线都在该方位的两侧，而不偏离很大，则最理想。另一个原则是使剖面线尽量垂直于岩层走向，如果所有导线都在起、终点连线的一侧则可根据岩层产状进行整理，或者分段选择方位使剖面线方位尽量成为各导线的平均方位。剖面线方位的选择在野外草图上进行最为方便（图 3.1.5）。

选择好剖面方位之后，图纸上的横线就是剖面方位线，据此将图纸定好方向，绘好图纸上北（N）向方向指标。然后按照新的图纸方位，根据野外记录绘出正规的平面图，其绘法和内容同野外草图。但是要更准确、整洁和美观，而且将图的位置要连同剖面图等统一设计好，最好一次成图避免返工。

绘制剖面图的方法与野外草图不同，野外草图是一根导线接一根导线展开，是将各导线都绘在一个剖面线上，这样剖面的总长度伸长。如我们在地形图上量得所测剖面的起点至终点距离是 500 m，用展开法作出的剖面可能是 530 m。这样就歪曲了其真实性。用投影发作图，是剖面的起点和终点与地形图上相吻合，只不过将拐来拐去的导线上的地形及地质内容都投影在统一的剖面线方向上。其具体作法如下。

画剖面图是由已经画好的平面图向下投影的方法，剖面的起点要一致，每根导线的起、终点都按照图纸的竖线向下投好位置。

在作图 3.1.6 时注意，画地形线不用地形坡度角，这是与野外草图不同的地方。而在导

线间的连接位置用累积高差确定该点地形的高度，然后与前点地形线相连。这样可以保证剖面起点与终点的高差与地形图上相符，否则就将出现误差。

岩层的分层界线点，由平面图上相应的点直接投影到地形线上，根据岩层的产状及规定的岩性花纹符号画出岩层层面线，在下方标出一定数量的产状要素及地层时代。剖面图的上方标明方位，明显的地物要标注清楚。写好图名及比例尺。图名最好用隶书，比例尺最好用线段比例尺。

四、编写剖面说明书

实测剖面的成果整理还包括编写剖面说明书，以备利用剖面资料的人员阅读剖面图时参考。剖面说明书大体应包括以下内容：

（1）剖面测量的日期，所用时间；剖面线的位置，起点、终点的坐标；剖面的方位和总长度、剖面上的露头情况；剖面上所见地层时代、岩体及构造发育的总的特征；剖面线上的地形地貌特征；实测剖面中的工作手段，如地质观察，物、化探方法，放射性测量，等等；剖面上取样工作量的统计，如采集岩石标本数量、各种取样规格数量等；室内整理剖面的方法及需要说明的其他事项。

（2）地层的研究情况，包括：所测剖面内地层时代的划分，化石依据；可将野外分层进行归纳整理，划分不同的岩性段，分析地层发育的韵律关系；各岩性段的岩性特征、顶底标志；各岩性段或各时代地层间的接触关系及其依据。这一部分是剖面说明书的主体部分，要详细加以说明，有时要按层列剖面以说明各层及各段岩性的演化规律。

（3）剖面上所发现的矿层、矿点情况，如所取样的分析化验结果，对于找矿的意义，对地质测量及今后工作的建议，等等。

五、编制地层综合柱状图

在正式地质图上往往附有工作地区的地层综合柱状图，它可以直接地反映该区的地层时代、岩性发育特征、接触关系、岩浆活动、矿产层位、古生物化石等情况。地层综合柱状图是在分析了整个图幅内的所有实测剖面的基础上编制的，有的还要参考邻区的资料。

地层综合柱状图的比例尺一般大于地质图，如 1：50 000 万地质图可附 1：10 000 或 1：5 000 比例的地层综合柱状图。

第五节　地质观测内容与记录

进行野外地质观察，必须做好记录，地质记录是最宝贵的原始资料，是进行综合分析和进一步研究的基础，也是地质工作成果的表现之一。

一、野外地质记录要求

（1）详细记录。包括地质内容和具体地点两方面都要详细记录。将看到的地质现象以及作者的分析、判断和预测等都毫无遗漏地记录下来。同时要详细说明是在什么地点看到的以上地质现象，以便在隔了一段时间后，如有需要，能根据记录找到该点。

（2）客观地反映实际情况。即看到什么记什么，如实反映，不能凭主观随意夸大或缩小或歪曲。但是，允许在记录上表示出作者对地质现象的分析、判断。因为这有助于提高观察的预见性，促进对问题认识的深化。

（3）记录清晰、美观，文字通达。这是衡量记录好坏的一个标准。

（4）图文并茂。图是表达现地质现象的重要手段，许多现象仅用文字是难以说清楚的，必须辅以插图。尤其是一些重要的地质现象，包括原生沉积的构造、结构、断层、褶皱、节理等构造变形特征，火成岩的原生构造、地层、岩体及其相互的接触关系、矿化特征，以及其他内、外动力地质现象，要尽可能地绘图表示，好的图件的价值大大超过单纯的文字记录。

二、野外地质记录内容

综合性地质观察的记录，要全面和系统。例如进行区域地质测绘，常采用观察点与观察线相结合的记录方法。观察点是地质上具有关联性、代表性、特征性的地点。如地层的变化处、构造接触线上、岩体和矿化的出现位置以及其他重要地质现象所在。观察线是连接观察点之间的连续路线，即沿途观察，达到将观察点之间的情况联系起来的目的。观察点、观察线的具体记录内容如下：

（1）日期和天气。

（2）实习地区的地名。

（3）路线：从何处经过何处到何处，要写得具体清楚。

（4）观察点编号：可从 No.01 开始依次为 No.02，No.03，…

（5）观察点位置：尽可能交代详细，如在什么山、什么村庄的什么方向，距离多少米，是在大道旁还是在公路边，是在山坡上还是在沟谷里，是在河谷的凹岸还是在凸岸等，还要记录观察点的标高，即海拔高度，可根据地形图判读出来。观察点的位置要在相应的地形图上确定并标示出来。

（6）观察目的：说明在本观察点着重观察的对象是什么，如观察某一时代的地层及接触关系，观察某种构造现象（如断层、褶皱……），观察火成岩的特征，观察某种外动力地质现象等。

（7）观察内容：详细记录观察的现象，这是观察记录的实质部分。观察的重点不同，相应地有不同的记录内容。如果观察对象是层状地质体，则可按以下程序进行记录：

① 岩石名称，岩性特征，包括岩石的颜色、矿物组成、结构、构造和工程特性等。

② 化石情况，有无化石，化石的多少，保存状况，化石名字。

③ 岩层时代的确定。

④ 岩层的垂直变化，相邻地层间的接触关系，列出证据。

⑤ 岩层产状，按方位角的格式进行记录。

⑥ 岩层出露处的褶皱状况，岩层所在构造部位的判断，是褶皱的翼部还是轴部等。

⑦ 岩层小节理的发育状况，节理的性质、密集程度，节理的产状，尤其是节理延伸的方向；岩层破碎与否，破碎程度，断层存在与否及其性质、证据、断层产状等。

⑧ 地貌、第四系（山形、阶地、河曲等），河谷纵、横剖面情况，河谷阶地及其性质，水文，水文地质特征及物理地质现象（如喀斯特、滑坡、冲沟、崩塌等的分布，形成条件和发育规律，以及对工程建筑的影响等）。

⑨ 标本的编号，如采取了标本、样品或进行照相等，应加以相应标明。

⑩ 补充记录。上述内容尚未包括的现象。

如果观测点为侵入体，除化石一项不记录外，其他项目都应有相应的内容，如：④ 项应为侵入接触关系或沉积接触关系；⑤ 项应为岩体，是岩脉、岩墙、岩床、岩株或岩基等；⑥ 项应为岩体侵入的构造部位是褶皱轴部或翼部，是否沿断层或某种破裂面侵入等。上述记录内容是全面的，但在实际运用时，应根据观察点的性质而有所侧重。

第六节　岩石的野外观察方法

岩石是地质作用的产物；岩石中保存地壳形成与演化的记录；岩石是组成地壳的基本成分。所以对岩石的观察、认识、研究是最重要的、最基础的地质工作。

一、岩浆岩的观察

岩浆岩是由岩浆冷凝、结晶所形成的岩石。下面按深成岩、脉岩、火山岩叙述。

1. 深成岩

（1）岩石的观察：颜色、矿物成分及含量、结构、构造、蚀变、矿化、风化产物。

（2）特殊结构、构造的观察：原生节理（Q、L、S）、片麻理、深源包体（形态、大小、成分与岩浆岩的关系）、捕房体（形态、大小、成分、排列方式、分布位置，被岩浆岩改造的程度）。

（3）岩体的观察：矿物成分、结构、构造的变化；岩相的划分、是否存在附加侵入相、多期侵入。脉岩的发育情况。

（4）与围岩接触关系的观察：这里只介绍侵入接触关系的观察。（沉积接触、断层接触见有关部分。）

岩体：① 边部变细或有冷却边、出现斑状结构；② 边部矿物定向排列－岩浆流动构造；③ 有岩枝、岩脉插入围岩；④ 有围岩的捕房体；⑤ 受围岩影响边部成分发生变化。

围岩：① 出现热接触变质现象；② 有交代作用时出现交代矿物或形成矽卡岩。

2. 脉岩

脉岩是呈岩墙、岩床、岩席产出的浅成侵入体。

（1）脉岩类型的观察：辉绿岩、闪长玢岩、花岗斑岩、煌斑岩、石英斑岩、伟晶岩、细晶岩、石英脉……

（2）脉岩方向的观察与统计：脉岩经常沿一定的构造破裂面或岩体中的节理侵入，所以，脉岩是区域或局部构造线的反映。

（3）脉岩之间关系的观察。

（4）与围岩之间关系的观察。

（5）产在岩体中的脉岩要注意脉岩矿物成分与岩体矿物成分之间的关系的观察。

（6）脉岩相对形成时代的观察。

3. 火山岩

火山岩分为火山熔岩与火山碎屑岩。

（1）火山熔岩的观察：

① 火山熔岩成分的观察：颜色（是岩石化学成分或矿物成分的综合反映），斑晶成分的观察，注意碎屑物质的混入，有否深源包体。

② 火山熔岩结构的观察：斑状结构、球粒结构、球颗结构、玻璃质结构、霏细结构、细晶结构。

③ 火山熔岩的构造观察：气孔与杏仁构造（形态、大小、含量、排列方式、分布部位）、流纹构造、枕状构造、珍珠构造、柱状节理、块状构造。

④ 火山熔岩与上、下岩石接触关系的观察：间断面、烘烤、沉积接触……

⑤ 火山熔岩地质产状的观察：岩被、岩丘、火山锥、破火山口、火山颈……

（2）火山碎屑的观察：

① 火山角砾岩、集块岩的观察：

碎屑的观察：成分、大小、形态、含量、排列方式、运动中形成的特点。

胶结物的观察：熔岩胶结、凝灰胶结；胶结物的含量、胶结类型。

② 凝灰岩的观察：晶屑、玻屑、岩屑的含量，晶屑的矿物成分、碎屑的颗粒大小、特殊的结构构造（假流纹构造、火焰构造）、胶结物的成分（熔岩、火山灰）。

（3）火山岩的综合观察：

① 火山岩的岩石组合。② 火山岩喷发旋回的观察。③ 火山作用方式的观察。④ 火山岩空间分布规律的观察。⑤ 火山岩来源的观察（深源包体）。

二、沉积岩的观察

1. 碎屑岩

下面按砾岩、砂岩分别叙述。

（1）砾岩的观察：

砾石的观察：成分、大小、球度、磨圆度、分选性、排列方式、含量。

胶结物的观察：成分、结构、含量。

砾石与胶结物关系的观察：胶结类型、（胶结方式）、孔隙度。

砾岩是重要的岩石类型，它的出现具有重要的地质意义，它的成分成熟度、结构成熟度是研究地质作用的重要基础。所以要特别注意对砾岩的观察，一旦发现绝不放过，一定要重点观察研究。

（2）砂岩的观察：

砂岩是碎屑粒径＜2 mm的沉积岩（碎屑岩）。

碎屑的观察：成分及各成分的含量、大小、磨圆度、分选性、孔隙度、特征沉积矿物（如海绿石）。

胶结物及胶结类型的观察：成分、含量、胶结类型。

特殊结构、构造的观察：层理、韵律层理、粒序层理、斜层理、交错层理、波痕、各种原生构造（包卷层理、揉皱、侵蚀面……）。在粉砂岩中还要注意石盐假晶、各种结核及生物活动遗迹（虫孔）。

对各种生物化石的寻找。

2. 黏土岩

黏土岩是由黏土矿物组成的岩石。

主要观察：颜色、层理、各种结核、石盐假晶、雨痕、泥裂及生物活动遗迹。

特别注意对生物化石的寻找。

3. 碳酸盐岩

碳酸盐岩分为灰岩、白云岩、内碎屑岩等。

（1）内碎屑岩的观察：

① 砾屑灰岩的观察（竹叶状灰岩）：碎屑的形态、大小、氧化特征、磨圆度、排列方式、胶结物成分、层理类型以及所含生物化石。

② 砂屑灰岩（鲕状灰岩）的观察：砂屑的形态、结构、大小、排列方式、胶结物成分、层理、所含生物化石。

（2）灰岩（白云岩）的观察（注意区分白云岩与灰岩）：

主要观察：颜色、结核（成分、多少、排列方式）、层理类型、缝合线、生物活动的遗迹及生物化石、风化面的特征（豹皮状、暖气片状、刀砍纹……）。

4. 沉积岩的综合分析与观察

（1）注意岩石组合关系、旋回变化、特殊结构、构造及接触关系，分析研究沉积相、沉积建造，进行地层划分对比，研究沉积环境与各种沉积矿产及油气生成的关系。

（2）注意对各种构造要素的测量：

产状、斜层理、砾石排列方式的测量。

（3）物源区的判定及搬运条件。

三、变质岩的观察

变质岩是地壳中已形成的岩石受变质变形作用的再改造而形成的岩石。对它的观察既要全面观察变质作用所形成的矿物成分、结构构造、变质变形特征，又要注意观察变余的成分、结构构造，这样才能全面认识变质岩石，为地质研究提供更多的基础材料。

1. 变质岩矿物成分

主要造岩矿物及其含量的观察：石英、斜长石、碱长石、云母、角闪石、辉石、方解石。

特征变质矿物及其含量的观察：石榴石、十字石、红柱石、蓝晶石、矽线石、蓝闪石、绿辉石、紫苏辉石、方柱石、硅灰石、透闪石、金云母……

2. 变质岩的结构

变余结构：特别注意岩浆岩的变余结构。

变成结构：斑状结构、残斑结构、糜棱结构。

3. 变质岩的构造

变余构造：变质岩原岩所具有的构造。

变成构造：板状、千枚状、片状、片麻状、角砾状、肠状。

4. 变形特征及变质变形关系

斑晶与片理、片麻理的关系；残斑的形态；强变形域与弱变形域的关系；层理转换、构造置换的特征；定向构造的产状与区域构造的关系。面理、线理的组成矿物、产状的观察与测量。

5. 变质岩的综合观察与初步研究

（1）变质岩原岩的恢复。

（2）变质作用强度的划分及变质岩形成深度的推断。

（3）变质表壳岩、变形-变质深成岩、糜棱岩的初步确认。

第七节　地貌图件的绘制方法

一、地貌剖面图的绘制方法

地貌剖面图是区域地貌研究中经常编绘的一种地貌图，用断面图的形式综合地反映地表起伏的状态及其与地质构造、第四纪沉积物等地貌因素的关系，通常可以在野外实测绘制，也可以在地形图、地质图和第四纪地质图上选择剖面编绘。在室内编绘地貌剖面图通常首先是根据地形图绘出典型区的地形剖面图，再把有关地貌、地质和第四纪地质的内容（如构造、岩性、年代等）绘在剖面图的相应部位。在地形起伏较小的地区，剖面图的垂直比例尺要适当放大，但剖面线的起伏要以不失真为度（一般为水平比例尺的 5～20 倍）。

用于揭示地貌外部形态和组成物质或地质构造间的关系，是编写地貌报告和论文时经常应用的方法。作法如下：

（1）目测观察对象大小，确定适当的比例尺，一般垂直比例尺要放大些。

（2）先勾出地形轮廓，然后画出层间界线。

（3）把基岩、沉积物等填绘在剖面上，填绘时，沉积物的类型、特征，相互间的顺序和关系应和客观实际情况一致，但其中的砾石大小和相互距离则不一定很准确。

（4）注明图名、图例、方向、地物标志和高程等。

常用的地貌剖面图有以下三种。

1. 实测剖面图

选择有代表性的或重要的地貌现象，用仪器、皮尺或测绳实测，并绘成剖面图。

野外地貌示意剖面指在野外地貌观测点当场绘制的示意性剖面、半实测剖面及素描剖面等。它们是在野外条件下表现小范围地貌现象和地貌构成物质的快速而简洁的地貌剖面图。

这种剖面图要求表现出地貌的起伏、转折形态，主要地貌标志点的高度，地貌构成物质等。基岩部分一般用平行斜线标出，不详细记录其构造和产状，但构造地貌调查或需要对基岩进行详细观测的地貌调查，应当表示地层产状、构造形态、地层时代、岩性等。松散沉积物部分要详细表示地层分层、厚度、岩性、侵蚀面等，记录其中特殊的夹层、化石位置等。同时要记录剖面的地点、方向、水平比尺和垂直比尺等。

野外地貌剖面的测量一般采用气压计、罗盘和钢卷尺，加上目测和步测。首先绘出半实测性质的地形剖面，然后在其中表示地貌构成物质。注意在描绘组成地貌体的地层时，地层界线要与实际地貌形态相吻合。

2. 示意剖面图

一般观测的剖面或据沿途收集的资料，按目测或步测的比例，绘成示意图。

对地貌形态和第四纪沉积物发育比较好的地貌观测点，如果在调查区内具有广泛的代表性或在生产建设项目中有特殊需要，应绘制实测地貌剖面。它所表示的各种地貌要素，如高度、长度、厚度、坡度、地貌类型组合等都要求准确，沉积物层位、岩性、地层接触关系也要求精确。这种剖面的绘制一般用经纬仪测量，也可用气压计、皮尺和罗盘逐点进行比较精确的测绘。

3. 综合剖面图

把几个地貌剖面的内容或有关地质、地貌、沉积物的现象综合表示在一个剖面上，表示的范围较大，这种图件可以集中地表现出地貌的形态成因、物质组成、发育过程和分布规律。

对一个地区进行调查的后期阶段，对该区地貌、第四纪沉积的发育历史已形成了比较完整的概念后，根据若干实测剖面和示意剖面归纳、综合，绘成表示该区典型地貌类型、第四纪地层的理想剖面图，称为地貌综合剖面图。它可以体现研究者对调查区地貌、第四纪现状及其形成过程的观点和结论。

地貌综合剖面图要全面、扼要地表示出全区具代表性的地貌类型、组合关系，第四纪地层分层、成因、时代等内容。综合剖面图大部分是实测剖面综合而成的，也需标出主要的河流、城市、山峰等。综合剖面的各个部分是以实际材料为依据，所不同的是调查区任何一个实际的剖面线都不可能包括全部这些地貌、第四纪地质内容。所以综合剖面虽然经过综合加工，却高度概括并具有严密的科学性。

二、地貌素描图的绘制方法

地貌素描是用简单线条描绘地貌形态特征的技巧和方法。描绘时可以突出地貌主要特征，不绘或简绘其他地貌形态或无关景物。它可以弥补照相之不足。这是运用绘画技法，以线条为主要表现形式，有目的有重点地描绘典型地貌现象的一种图件，下面简单介绍一般绘制步骤：

（1）确定主题和取景。首先要明确表现什么和达到的目的，然后选择表现主题最佳角度，再确定画面的范围。这是在动笔前必做的准备工作。

（2）控制比例。画出大体轮廓，确定素描对象在图上的位置。控制比例的方法一般是用右手拿住铅笔的一端，并将手臂伸直，用铅笔量素描对象的高、宽和斜度，并不断与适当确定的标准长度作比较。比例控制得当，所表现对象的外形就不会失真。

（3）进行块面分割。初步充实画面。块面是构成形体基本单位。不管地貌形态如何千变万化，我们仍可把它们的各组成部分设想为由各种块面组成的几何体，使复杂的地形简化。在分析块面时，要注意从整体入手，块面大致可分为：平面、竖面、不同斜度的斜面、弧面和曲面。

（4）突出主体，逐步刻画细部。一幅素描有了主体才有中心。特征是反映本质的，所以与主题有关的内容必须重点描绘，使特征明显。同时，在素描任何一细部时，要注意它在整体中的位置和与其他细部的比例，画时应先大后小，先主后次，先近后远。进行这一步骤时，要力求取舍得当，线条简明，富有立体感。

（5）检查整饰、加写注记。把素描和实际地貌核对一下，看看有无错误之处；擦去多余的线条，有时还要加上标志物。注明各主要景物，绘图地点、方向、作者和日期等。

素描图是用线条为主要表现形式的，线条运用的好坏直接关系到素描图的成功与否。线条可以表现地貌的轮廓、质感（坚硬的砂岩、较软的页岩、飞瀑）、立体感和空间感等等，它反映素描者的功底。一般的晕线应与面的起伏变化一致，它应画在暗部，高部不画或少画，即使暗部，所画的晕线也应有所变化，最暗处不妨小片全涂。

画近景时常辅之以点线、折线、曲线等线条，以避免平板、单调。初学者运用线条，应以大胆流畅为好，一般讲，宜快不宜慢，如缩手缩脚不敢大胆下笔，则可能出现"儿童画"上的破碎短线，以致把坚石画成草堆。线条还有粗细、虚实之分，往往近粗远细，近实远虚，这样可增加空间感。如在观察点的时间较短，则在野外用铅笔作一简描，回到室内再用钢笔作精描。

第八节 野外地貌观测与记录

一、地貌野外观测方法

地貌野外观测，重点是通过观测点上工作来完成。野外记录，是最原始的观测到的实际资料，是研究和解决地貌问题的依据。所以记录必须真实，力求全面、详细、整齐和清晰。

1. 地貌形态量测与描述

确定地貌形态的特征要有定性和定量两方面的具体内容，即包括形态的量测和形态的描述。由于不同等级的地貌形态特征是不同的，一般首先叙述大的地貌形态特征（如：山地、平原和盆地等），它们往往是多种地貌类型的形态组合，然后再叙述次一级地貌形态特征（如阶地、倒石堆和洪积扇等），最后还要叙述组成地貌各个要素的形态特征（如阶地面、斜坡、陡坎等）。

它们都应包括地貌形态的几何轮廓（如扇形、锥形、阶梯、三角形）、分布的位置（绝对高度和相对高程）、形体或面积的大小（长、宽、高）、表面起伏变化（坡形、坡度）、割切浓度和密度等，有的数据可根据地形图或航空像片测出和算出。

2. 地貌物质结构观测与描述

地貌的形态特征与它的物质结构关系极为密切，因此，在地表露头较好的地点必须进行地质观测。其重点是描述和量测岩石的名称、性质结构，各种次生和风化的特征，岩层或岩体的产状，与相邻层位的接触关系，各种构造现象等。一般都是从表及里、由上而下逐层记录，尽可能搞清地层的年代、成因、层序和分布的规律。搞清它对地貌的形成和发育的影响。

遇到较好的第四纪地层露头，更应该详细地描述和量测，因为它对决定地貌的成因和年龄，都经常起着关键的鉴定作用。

3. 查明地貌类型之间相互关系

必须注意各种地貌现象与其他自然现象之间、各种地貌类型之间、同一类型的各个地貌部分之间，以及地貌的不同要素之间的相互关系和纵横的变化。它对确定地貌的成因、年龄和发育的规律，以及对研究新构造运动的古气候等都有重要意义。例如：河谷阶地的纵横剖面的变化，洪积扇的分布和变形，岩溶的水平溶洞分布和成层性，冰斗与雪线的变化和关系，沙丘的分布和移动，海蚀穴和砂霸的变化分布，与地貌形成时代有关的沉积物特性及所含的古生物化石和孢粉等。

4. 观测现代地貌作用和过程

现代地貌作用也叫物理地质现象。通过对现代地貌作用（如崩塌滑坡、泥石流、塌陷、水土流失、对边岸的冲刷、风沙移动和泥沙的沉积等）的观测和研究，分析地貌的形成与所处的发展阶段和进行的强度，从而预测它对生产的影响并提出防止危害产生的措施。

为了掌握现代地貌作用和过程，在典型地区，尽可能建立必要的长期野外观测站，或室内进行模拟实验，观测它们的动力并获得大量数据，总结基本理论，为工程设计提供可靠的依据。

5. 分析地貌成因

分析地貌成因的途径是很多的，例如，地貌形态特征及空间分布规律的分析，地貌的形态与组成它的基岩或松散沉积物的岩性、厚度、结构、构造特征和分布规律的分析，地貌成因类型组合及其相关沉积物特征的分析，地貌的动力过程与自然地理（或古地理环境）的分析，地貌与地质条件、地壳运动和人类经济活动等因素的关系的分析等，都是确定地貌成因的方法。

二、地貌野外记录方法

地貌野外记录是最宝贵的原始资料，是分析、研究地貌问题的依据，也是地貌野外考察的重要成果。所以记录的内容必须客观地反映实际，记录要尽可能全面、详细、准确、图文并用。记录本在左面作剖面和素描图用，右面作文字记录用，它包括记录的日期、天气、路线（从 XX 到 XX）、观测点的顺序号（No.1，No.2，……）、位置（位于某明显地物，如村庄、车站和桥等的方向与距离以及它所处的地貌部位，如河岸、冲沟和山顶等）、高程（绝对高度和相对高度）以及两点间所观测到的现象，而后再描述观测点上所见到的具体内容。下面就地貌野外观测和记录的主要内容扼要说明。记录的格式如下：

（1）地点、日期、天气情况。

（2）观测点的位置（如观测点多，则应编号）。

（3）该点观测的对象。

（4）观察的内容，是观测记录的主要部分，应把观察到的内容一项项记录清楚。

（5）绘制地貌剖图、平面示意图和素描图。

第九节　一般野外定点方法

（1）在精度要求不很高时（在小比例尺填图或草测时）可用目估法进行定点，也就是说根据测点周围地形、地物的距离和方位的相互关系，用眼睛来判断测点在地形图上的位置。

用目估法定点时，首先在观测点上利用罗盘使地形图定向，即将罗盘长边靠着地形图东边或西边图框，整体移动地形图和罗盘，使指北针对准刻度盘的 0 度，此时图框上方正北方向与观测点位置的正北方向相符，也就是说此时地形图的东南西北方向与实地的东南西北方向相符。这时一些线性地物如河流、公路的延长方向应与地形图上所标注的该河流或公路相平行。

在地形图定向后,注意找寻和观察观测点周围具有特征性的在图上易于找到的地形地物,并估计它们与观测点的相对位置（如方向、距离等）关系,然后根据这种相互关系在地形图上找出观测点的位置,并标在图上。

（2）在比例尺稍大的地质工作中,精度要求较高则需用交会法来定点。

首先要使地形图定向（方法与目估法相同）。

然后在观测点附近找三个不在一直线上且在地形图上已表示出来的已知点如三角点、山顶、建筑物等,分别用罗盘测量观测点在它们的什么方向。此时罗盘之对物觇板对着观测者（因观测者所定位置是未知数）,竖起砧觇板小孔,觇板通过小孔和反光镜之中线再瞄所选之三角点或山头,当三点联成直线且水泡居中时读出指北针所指读数即为该测线之方位,即观测点位于已知点的什么方向,将三条测线方位记录之。

在图上找到各已知点,用量角器作图,在地形图上分别绘出通过三个已知点的三条测线,三条测线之交点应为所求之测点位置。如三条测线不相交于一点（因测量误差）而交成三角形（称为误差三角形）,测点位置应取误差三角形之小点。

具体应用此法时应注意两点:

① 量测线方向时如罗盘砧觇板对着已知点瞄准则指南针所指读数为所求观察点之方位。指北针所指读数则是已知点位于此观测点之方向。为了避免混乱,一般采用罗盘对物砧觇板对着未知数（所求点之方向）读指北针。

② 用量角器将所测的测线方向画在图上时应注意采用地理坐标而不是按罗盘上所注方位。

实际工作时往往将目估法和交会法同时并用,相互校正,使点定得更为准确。例如用三点交会法画出误差三角形后,用目估法找出测点附近特殊之地形物和高程来校对点之位置。

参考文献

[1] 卢耀如. 岩溶——奇峰异洞的世界[M]. 广州: 暨南大学出版社, 2005.

[2] 尹观, 倪师军, 张其春. 氘过量参数及其水文地质学意义——以四川九寨沟和冶勒水文地质研究为例[J]. 成都理工学院学报, 2001, 28 (3): 251-254.

[3] 曹建华, 袁道先, 章程, 等. 受地质条件制约的中国西南岩溶生态系统[J]. 地球与环境, 2004, 32 (1): 1-8.

[4] 李涛, 余龙江. 西南岩溶环境中典型植物适应机制的初步研究[J]. 地学前缘, 2006, 13 (3): 180-184.

[5] 栗茂腾, 余龙江, 李为, 等. 扇叶铁线蕨叶片对岩溶环境的生态适应[J]. 植物学通报, 2006, 23 (6): 691-697.

[6] 李小方, 曹建华, 周玉婵, 等. 岩溶区与非岩溶区不同土地利用方式下土壤 Zn 元素形态分析[J]. 中国岩溶, 2006, 25 (4): 293-296.

[7] 黄黎英, 曹建华, 莉周, 等. 不同地质背景下土壤溶解有机碳含量的季节动态及其影响因子[J]. 生态环境, 2007, 16 (4): 1282-1288.

[8] 申宏岗, 曹建华, 潘根兴, 等. 桂林毛村岩溶区与非岩溶区几种果树土壤溶解有机碳空间变化[J]. 土壤通报, 2007, 38 (5): 878-881.

[9] 莉周, 曹建华, 程阳, 等. 不同土地利用方式对土壤有机质和氮含量的影响研究[J]. 广东农业科学, 2007 (10): 42-44.

[10] 赵仕花, 章程, 夏青, 等. 桂林毛村岩溶区和非岩溶区土壤有机质与氮分析研究[J]. 广西科学院学报, 2007, 32 (1): 36-38.

[11] 申宏岗, 曹建华, 潘根兴. 桂林毛村岩溶区与非岩溶区果园土壤养分性质比较研究[J]. 南京农业大学学报, 2008, 31 (4): 82-85.

[12] 杨平恒, 高彦芳, 吴月霞. 典型岩溶流域不同地貌类型景观结构分析——以云南小江流域为例[J]. 云南地理环境研究, 2007, 19 (4): 103-109.

[13] 匡昭敏, 钟仕全, 黄永, 等. 基于广西岩溶和非岩溶地貌的干旱遥感监测模型研究[J]. 干旱地区农业研究, 2007, 25 (2): 156-161.

[14] 徐祥明, 曹建华, 莫彬, 等. 桂林毛村岩溶区和非岩溶区牧草养分动态的对比研究[J]. 中国岩溶, 2007, 26 (2): 144-148.

[15] 余龙江, 吴耿, 李为, 等. 西南岩溶地区黄荆和檵木叶片结构对其生态环境的响应[J]. 西北植物学报, 2007, 27 (8): 1517-1523.

[16] 李小方, 曹建华, 杨慧, 等. 富钙偏碱的岩溶土壤对檵木叶片显微结构的影响[J]. 信阳师范学院学报: 自然科学版, 2007, 21（3）: 412-416.

[17] 黄玉清, 莫凌, 赵平, 等. 高大乔木原位与离体叶片气体交换特征的比较——以三种环境下的青冈栎（Cycloba lanopsis glauca）为例[J]. 生态学报, 2008, 28（9）: 4508-4516.

[18] 韦红群, 曹建华, 梁建宏, 等. 秸秆还田对岩溶区与非岩溶区土壤酶活性影响的对比研究[J]. 中国岩溶, 2008, 27（4）: 316-320.

[19] 蔡德所, 马祖陆. 漓江流域的主要生态环境问题研究[J]. 广西师范大学学报:自然科学版, 2008, 26（1）: 110-112.

[20] 杨霄, 刘再华, 曹建华, 等. 岩溶区和非岩溶区玉米光合作用与锌含量和碳酸酐酶关系的对比研究[J]. 中国岩溶, 2008, 27（2）: 103-107.

[21] 马祖陆, 蔡德所, 蒋忠诚. 岩溶湿地分类系统研究[J]. 广西师范大学学报:自然科学版, 2009, 27（2）: 101-106.

[22] 韦红群, 邓建珍, 曹建华, 等. 柱花草根系与根际微生物类群的研究[J]. 草业科学, 2009, 26（1）: 69-73.

[23] 刘彦, 张金流, 何媛媛, 等. 单生卵囊藻对 DIC 的利用及其对 $CaCO_3$ 沉积影响的研究[J]. 地球化学, 2010, 39（2）: 191-196.

[24] 陈家瑞, 曹建华, 李涛, 等. 西南典型岩溶区土壤微生物数量研究[J]. 广西师范大学学报:自然科学版, 2010, 28（4）: 96-100.

[25] 曹建华, 朱敏洁, 黄芬, 等. 不同地质条件下植物叶片中钙形态对比研——以贵州茂兰为例[J]. 矿物岩石地球化学通报, 2011, 30（3）: 251-260.

[26] 甘春英, 王兮之, 李保生, 等. 连江流域近 18 年来植被覆盖度变化分析[J]. 地理科学, 2011, 31（8）: 1019-1024.

[27] 黄芬, 朱敏洁, 卢茜, 等. 不同钙环境下植物几种抗逆境指标的对比研究[J]. 广西师范大学学报: 自然科学版, 2012, 30（4）: 98-103.

[28] 关保多, 代俊峰, 杜君, 等. 广西多站点参考作物蒸散量时空变化分析[J]. 灌溉排水学报, 2012, 31（6）: 126-128.

[29] 杨洪, 李荣彪. 凯里市舟溪岩溶与非岩溶区域植物多样性初步研究[J]. 科学技术与工程, 2012, 12（15）: 3557-3563.

[30] 申泰铭, 李为, 张强, 等. 流域不同地质生态环境中水体碳酸酐酶活性特征——以桂江流域为例[J]. 中国岩溶, 2012, 31（4）: 409-414.

[31] 高喜, 万珊, 曹建华, 等. 岩溶区与非岩溶土壤微生物活性的对比研究[J]. 地球与环境, 2012, 40（4）: 499-504.

[32] 王静, 徐广平, 曾丹娟, 等. 岩溶区和非岩溶区两种优势植物凋落叶分解的比较研究[J]. 广西植物, 2013, 33（3）: 338-345.

[33] 毕坤, 王尚彦, 李跃荣, 等. 农业生态地质环境与贵州优质农产品[M]. 北京: 地质出版社, 2003.

[34] 舒丽, 刘香玲, 程阳. 岩溶区不同土地利用条件下土壤 N、K 的特征[J]. 江西农业学报,

2007, 19（9）：88-90.

[35] 郑颖吾. 木论喀斯特林区概论[M]. 北京：科学出版社，1999.

[36] 白军红，邓伟，张玉霞. 莫莫格湿地土壤氮磷空间分布规律研究[J]. 水土保持学报，2001，15（4）：79-81.

[37] 陈今朝，向邓云. 生物固氮的研究与应用[J]. 涪陵师专学报，2000，16（2）：96.

[38] 刘铮. 我国土壤中锌含量的分布规律[J]. 中国农业科学，1994，27（1）：30-37.

[39] 卢玫桂. 广西桂林石灰土的元素生物地球化学特征[D]. 桂林：广西师范大学，2004.

[40] 曹建华，袁道先，章程，等. 受地质条件制约的中国西南岩溶生态系统[M]. 北京：地质出版社，2005.

[41] 杨成，刘丛强，宋照亮，等. 贵州喀斯特山区植物营养元素含量特征[J]. 生态环境，2007，16: 503-508.

[42] 董彩霞，周健民，范晓晖，等. 不同施钙措施对番茄果实钙含量和钙形态的影响[J]. 植物营养与肥料学，2004，10（1）：91-95.

[43] 贵州省地层古生物工作队编著. 《西南地区区域地层表》贵州分册[M]. 北京：地质出版社，1977.

[44] 贵州省区域地质志编写组. 贵州省区域地质志[M]. 北京：地质出版社，1987.

[45] 伍光和，田连恕，胡双熙，等. 自然地理学[M]. 北京：高等教育出版社，2002.

[46] 刘燕华，李秀彬. 脆弱生态环境与可持续发展[M]. 北京：商务印书馆，2001.

[47] 王春晓，谢世友，王建锋，等. 重庆岩溶区土壤—植被生态系统探讨[J]. 环境科学与管理，2009，34（2）：156-160.

[48] 杨小波，张桃林，吴庆书. 海南琼北地区不同植被类型物种多样性与土壤肥力的关系[J]. 生态学报，2002，22（2）：190-196.

[49] 袁道先，蔡桂鸿. 岩溶环境学[M]. 重庆：重庆科技出版社，1988.

[50] 王世杰，季宏兵，欧阳自远，等. 碳酸盐岩风化成土的初步研究[J]. 中国科学（D辑），1999，29（5）：441-449.

[51] 何腾兵. 贵州喀斯特山区水土流失状况及农业建设途径[J]. 水土保持学报，200，14（8）：28-34.

[52] 王建. 现代自然地理学实习教程[M]. 北京：高等教育出版社，2006.

[53] 李阳兵，王世杰，李瑞玲. 岩溶生态系统的土壤[J]. 生态环境，2004，13（3）：434-438.

[54] 朱守谦，魏鲁明，陈正仁，等. 茂兰喀斯特森林生物量构成初步研究[J]. 植物生态学报，1995，19（4）：358-367.

[55] 喻理飞，叶镜中. 退化喀斯特森林自然恢复评价研究[J]. 林业科学，2000，36（6）：12-19.

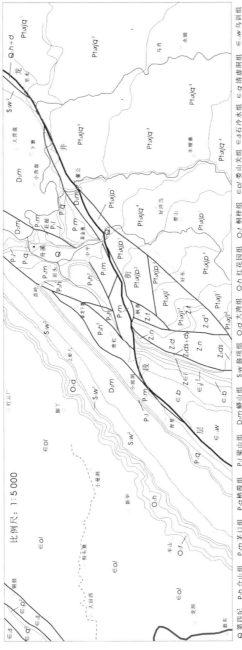

比例尺：1:5 000

图3.1.1 研究区域地质图

∈₃s   ∈₂p ∈₃q² ∈₂p 肥槽组   Q 第四纪 Pₐh 合山组 Pₘ 茅口组 Pₐq 栖霞组 Pₐl 梁山组 ∈₂j 九门冲组
∈₂b 变马冲组 ∈₂p 肥槽组 Dₘ 融山组 Dₘl 梁山组 Sw 翁顶组 Zₐdy 灯影组 Zₑl 留茶坡组
Pₜₓjp 隆里组 Pₜₓjl 隆里组 ∈₂or 娄山关组 ∈₂s 石冷水组 ∈q 清虚洞组 Pₜₓjq 清水江组
Zₐt 铁丝坳组 Zₐd 大塘坡组 Zₐn 南沱组 Oₕ 红花园组 Oₜ 桐梓组 ∈ₐw 乌训组

1

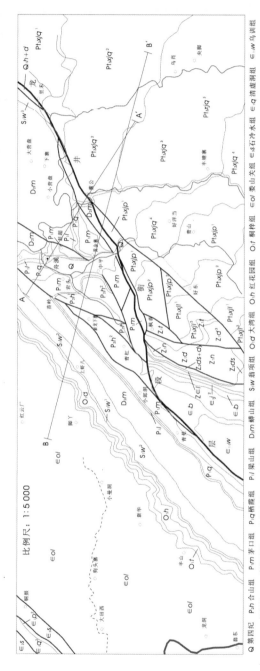

图3.1.2　地质剖面位置图示

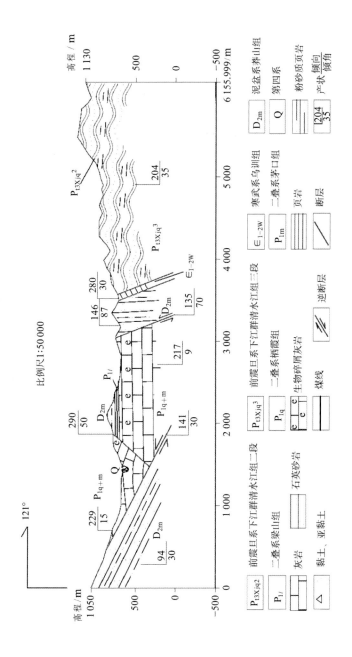

图3.1.7 地质剖面 A—A′

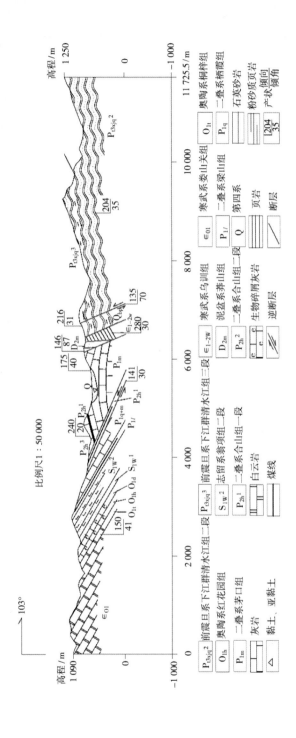

图3.1.8 地质剖面B—B'

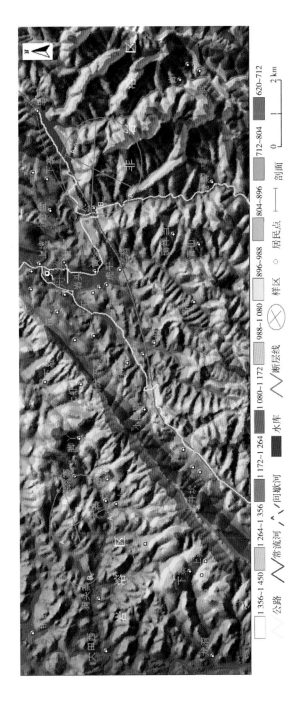

图3.2.1 舟溪实习区三维地貌及正地貌（山体）剖面样区

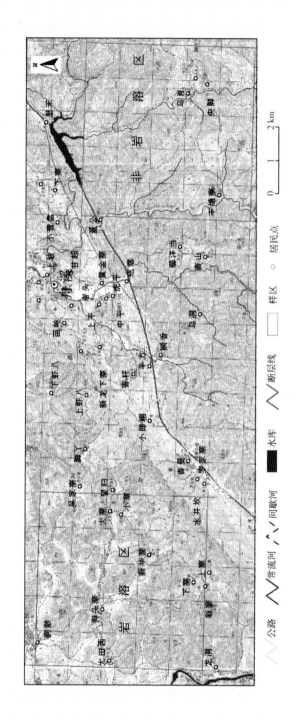

公路 常流河 间歇河 水库 样区 断层线 居民点

图3.2.3 岩溶与非岩溶样区

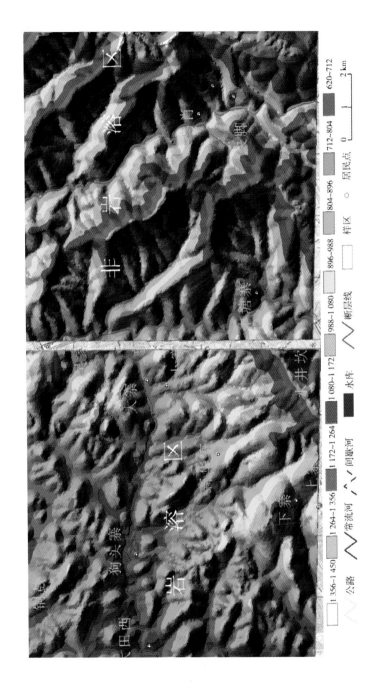

图3.2.4 岩溶和非岩溶样区（5 km×5 km）的三维立体模型对比

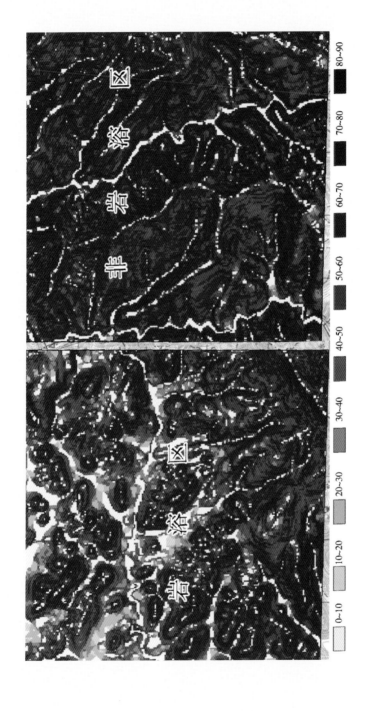

图3.2.6 岩溶和非岩溶样区（5 km×5 km）的坡度分布对比

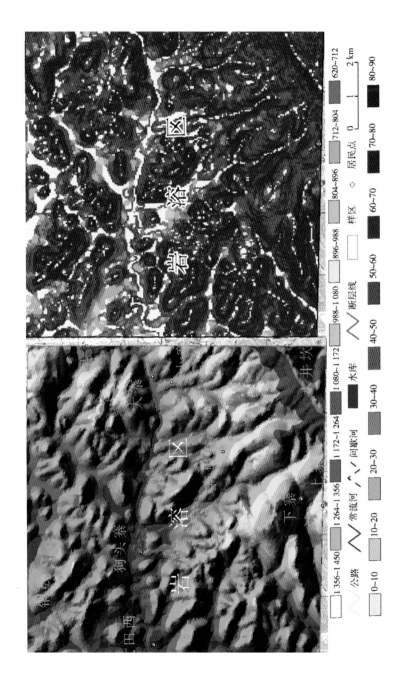

图3.2.7 岩溶样区（5 km×5 km）地貌三维模型与坡度分布对比

9

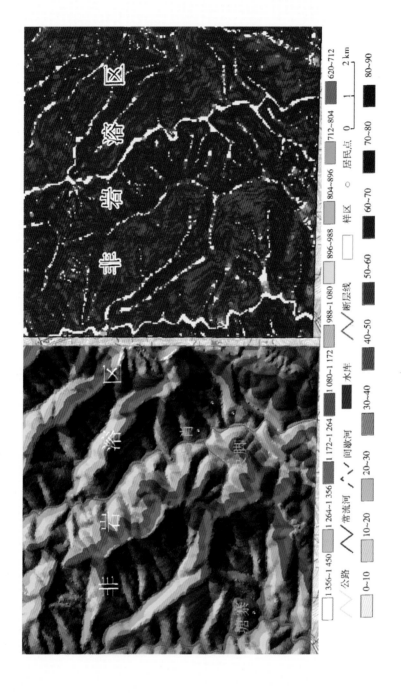

图3.2.8 非岩溶样区（5 km×5 km）地貌三维模型与坡度分布对比

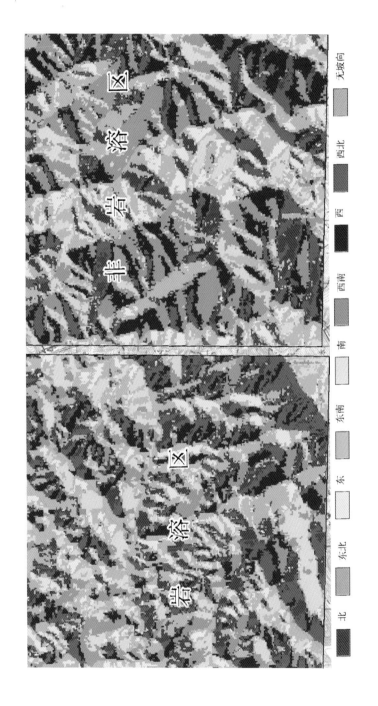

图3.2.10　岩溶和非岩溶样区（5 km×5 km）的坡向分布对比

北　　东北　　东　　东南　　南　　西南　　西　　西北　　无坡向

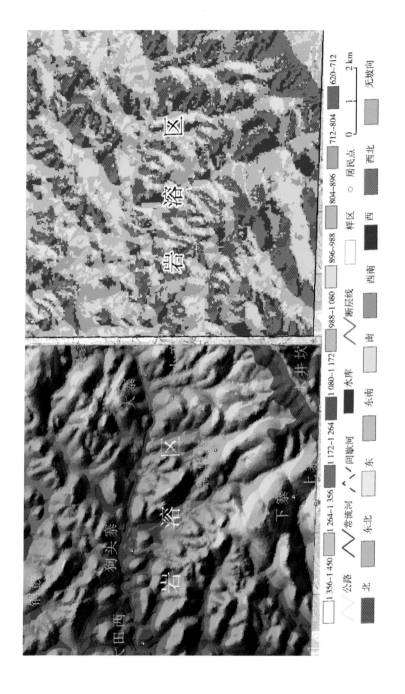

图3.2.11 岩溶样区（5 km×5 km）地貌三维模型与坡向分布对比

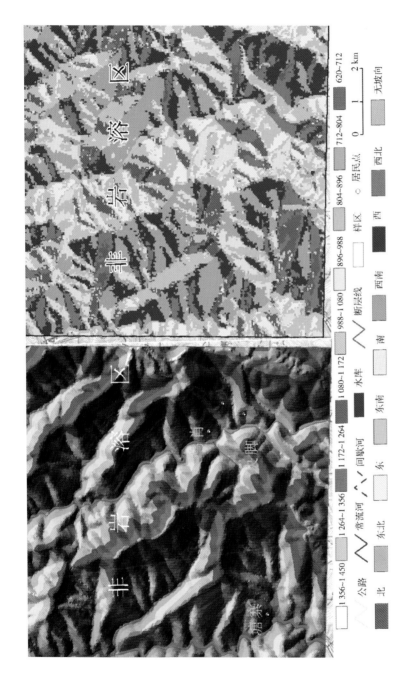

图3.2.12 非岩溶样区（5 km×5 km）地貌三维模型与坡向分布对比

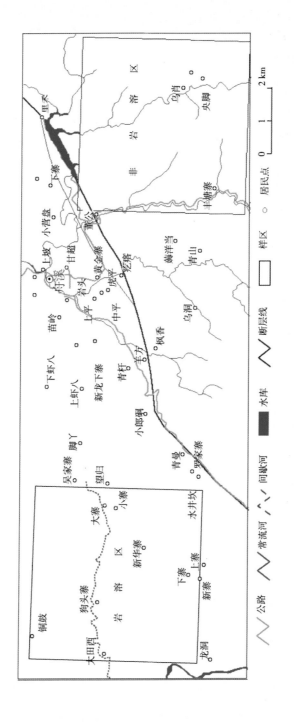

图3.2.14 舟溪实习区水系图

公路 ∧∧ 常流河 ∧∧ 间歇河

水库 ∧∧ 断层线 □ 样区 ○ 居民点

0   1   2 km

图3.2.15 岩溶区河道野外实拍照片（C_1剖面点）

图3.2.16 非岩溶区河道野外实拍照片（nC_2剖面点）

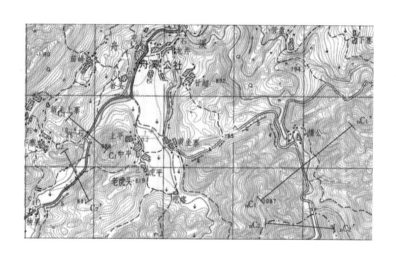

图3.2.17　岩溶与非岩溶区负地貌（河谷）剖面位置图示